21世纪高等学校规划教材｜计算机应用

计算机应用基础
实训指导教程

陈明　潘杰　主编

付红珍　杨国勇　钟龙怀　余文财　副主编

清华大学出版社

北　京

内 容 简 介

本书是与《计算机应用基础》相配套的辅导教材,在教学内容设计上紧密围绕主教材各章节,精心设计和选择了紧贴实际应用、覆盖面广、难易度适中的实验操作题。这些题目大部分来自作者多年从事计算机基础教学的经验。

本书在结构上安排了 7 大类、共 20 个实验,每个实验分别设置了 2~5 个实验项目,共计 53 个实验项目。在同一个实验下编若干不同的实验项目,这也是本书与传统的同类实训指导书所不同的。这样编排便于操作、理解和记忆,更有助于提高课堂教学效率。

本书适合作为高职院校非计算机专业学生的计算机应用基础课程的辅导教材,也可作为全国计算机等级考级(一级)的培训教材,还可供参加各类职称计算机考试的人员学习和备考使用。

本书封面贴有清华大学出版社防伪标签,无标签者不得销售。

版权所有,侵权必究。举报:010-62782989,beiqinquan@tup.tsinghua.edu.cn。

图书在版编目(CIP)数据

计算机应用基础实训指导教程/陈明,潘杰主编.—北京:清华大学出版社,2019(2024.1重印)
(21 世纪高等学校规划教材·计算机应用)
ISBN 978-7-302-53689-5

Ⅰ.①计…　Ⅱ.①陈…②潘…　Ⅲ.①电子计算机-高等学校-教材　Ⅳ.①TP3

中国版本图书馆 CIP 数据核字(2019)第 180978 号

责任编辑:贾　斌
封面设计:傅瑞学
责任校对:焦丽丽
责任印制:丛怀宇

出版发行:清华大学出版社
　　　　网　　址:https://www.tup.com.cn,https://www.wqxuetang.com
　　　　地　　址:北京清华大学学研大厦 A 座　　　　邮　　编:100084
　　　　社 总 机:010-83470000　　　　邮　　购:010-62786544
　　　　投稿与读者服务:010-62776969,c-service@tup.tsinghua.edu.cn
　　　　质量反馈:010-62772015,zhiliang@tup.tsinghua.edu.cn
　　　　课件下载:https://www.tup.com.cn,010-83470236
印 装 者:三河市科茂嘉荣印务有限公司
经　　销:全国新华书店
开　　本:185mm×260mm　　　　**印　张:**13.25　　　　**字　　数:**304 千字
版　　次:2019 年 9 月第 1 版　　　　**印　　次:**2024 年 1 月第 13 次印刷
印　　数:49101～50100
定　　价:37.00 元

产品编号:084025-01

前 言

　　本书是与《计算机应用基础》相配套的辅导教材。编写本书的主要目的是便于教师教学和学生学习。在教学内容设计上紧密围绕主教材各章节,精心设计和选择了紧贴实际应用、覆盖面广、难易度适中的实验操作题。这些题目绝大部分来自作者多年从事计算机基础教学的经验,还收录了全国计算机等级考试(一级)的部分典型测试题作为本书案例。学生通过实验操作,将理论和应用有机地结合,对知识的巩固、能力的提高具有非常重要的作用。

　　本书在结构上安排了 7 大类、共 20 个实验,每个实验分别设置了 2～5 个实验项目,共计 53 个实验项目。其中,"计算机基础操作与中英文录入"有两个实验、6 个实验项目;"操作系统"有 3 个实验、12 个实验项目;"文字处理软件操作"有 4 个实验、10 个实验项目;"电子表格软件操作"有 4 个实验、9 个实验项目;"演示文稿软件操作"有两个实验、4 个实验项目;"数据库技术基础"有两个实验、4 个实验项目;"计算机网络基础及应用"有 3 个实验、8 个实验项目。在同一个实验下编排若干不同的实验项目,一个实验项目对应一个实验任务,它们的实验内容互相联系但操作又彼此独立,这也是本书与传统的同类实训指导书所不同的。这样编排便于操作、理解和记忆,更有助于提高课堂教学效率。

　　每个实验负责编写的作者情况如下。实验一:杨国勇、游玉、丁守磊;实验二:潘杰、陈偲颖、黄靖棋;实验三:余文财、陈志伦;实验四:钟龙怀、杨锦、陈华;实验五:付红珍、颜紫云、赵霞;实验六:陈明、杨健波、刘家豪;实验七:潘杰、陈偲颖、黄靖棋。

　　对于学时数少或文科类的专业而言,重点应放在学生基本操作能力的训练和提高上。因此,我们把涉及全国计算机等级考试(二级)的实验操作题,即实验 3.3 Word 文档的高级排版和实验 4.4 数据的综合分析与处理列为选做实验题,供各高职院校在教学中参考使用。

　　为了适应在多媒体教室或实验室中进行教学的需要,我们制作了与教材相配套的电子教案、实验素材、实验结果的样张。需要有关资料的教师或读者可访问清华大学出版社的官方网站 www.tup.com.cn,进入相关网页下载资源。

编　者

2019 年 5 月

目 录

实验 1　计算机基础操作与中英文录入 ················· 1

　实验 1.1　计算机基础操作 ················· 1
　　实验项目 1.1.1　开关机练习 ················· 1
　　实验项目 1.1.2　"死机"情况的处理 ················· 2
　　实验项目 1.1.3　鼠标操作 ················· 2
　　实验项目 1.1.4　键盘操作 ················· 4
　实验 1.2　中英文录入 ················· 6
　　实验项目 1.2.1　英文输入 ················· 6
　　实验项目 1.2.2　中文输入 ················· 7

实验 2　Windows 7 操作系统 ················· 10

　实验 2.1　Windows 7 的系统设置 ················· 10
　　实验项目 2.1.1　设置桌面背景 ················· 10
　　实验项目 2.1.2　设置屏幕保护 ················· 13
　　实验项目 2.1.3　任务栏设置 ················· 14
　　实验项目 2.1.4　设置系统日期和时间 ················· 15
　　实验项目 2.1.5　用户管理 ················· 17
　实验 2.2　Windows 7 的系统维护 ················· 20
　　实验项目 2.2.1　优盘的安全使用 ················· 20
　　实验项目 2.2.2　磁盘清理 ················· 22
　　实验项目 2.2.3　磁盘信息浏览 ················· 23
　　实验项目 2.2.4　设备管理信息查询 ················· 24
　实验 2.3　Windows 7 的文件管理 ················· 25
　　实验项目 2.3.1　文件与文件夹的常规操作 ················· 25
　　实验项目 2.3.2　文件和文件夹的搜索 ················· 28
　　实验项目 2.3.3　回收站的设置与使用 ················· 29

实验 3　Word 2010 文字处理软件操作 ················· 32

　实验 3.1　Word 文档的基本操作和排版 ················· 32
　　实验项目 3.1.1　制作自荐书 ················· 32
　　实验项目 3.1.2　制作简报 ················· 36

实验项目 3.1.3　制作来访者登记文档 ······················· 42

实验 3.2　表格制作与数据计算 ······························· 51

实验项目 3.2.1　制作请假条 ······························· 52

实验项目 3.2.2　表格中的数据计算与排序 ······················· 55

实验项目 3.2.3　制作课表 ······························· 60

实验 3.3　Word 文档的高级排版 ······························· 64

实验项目 3.3.1　制作海报 ······························· 64

实验项目 3.3.2　制作邀请函 ······························· 75

实验 3.4　图文混排 ······························· 86

实验项目 3.4.1　赠送给老师的节日贺卡 ······················· 87

实验项目 3.4.2　举办周末舞会海报 ······················· 93

实验 4　Excel 2010 电子表格软件操作 ······················· 100

实验 4.1　Excel 工作表的基本操作与格式化 ······················· 100

实验项目 4.1.1　设计制作个人现金账目台账表 ······················· 100

实验项目 4.1.2　建立张三个人现金账目台账 ······················· 105

实验 4.2　数据计算与创建图表 ······························· 109

实验项目 4.2.1　学生考试成绩的统计 ······················· 109

实验项目 4.2.2　企业人员分布统计 ······················· 118

实验项目 4.2.3　企业产品投诉情况统计 ······················· 122

实验 4.3　数据的基本分析与处理 ······························· 126

实验项目 4.3.1　学生成绩的排序、筛选与分类汇总 ······················· 126

实验项目 4.3.2　为图书销售数据创建数据透视表 ······················· 130

实验 4.4　数据的综合分析与处理 ······························· 132

实验项目 4.4.1　图书销售数据的分析与统计 ······················· 132

实验项目 4.4.2　个人开支明细数据的分析与整理 ······················· 138

实验 5　PowerPoint 2010 演示文稿软件操作 ······················· 148

实验 5.1　演示文稿的基本操作和设计 ······························· 148

实验项目 5.1.1　设计制作张三的个人简历—静态演示文稿 ······················· 148

实验项目 5.1.2　设计制作张三的个人简历—动态演示文稿 ······················· 154

实验 5.2　演示文稿的综合设计 ······························· 160

实验项目 5.2.1　设计制作"天河二号"演示文稿 ······················· 161

实验项目 5.2.2　设计制作"创新产品展示"演示文稿 ······················· 165

实验 6　Access 2010 数据库技术基础 ······················· 171

实验 6.1　在 Access 中创建数据库和表 ······················· 171

实验项目 6.1.1　创建数据库 ······················· 171

实验项目 6.1.2　创建数据表 ……………………………………………… 173

实验 6.2　在 Access 数据库中创建查询 ……………………………… 175

实验项目 6.2.1　创建查询 ………………………………………………… 175

实验项目 6.2.2　创建查询结果的排序 …………………………………… 178

实验 7　计算机网络基础及应用 ……………………………………… 181

实验 7.1　IE 浏览器的使用 ………………………………………… 181

实验项目 7.1.1　使用 IE 浏览器访问“一带一路网” ……………… 181

实验项目 7.1.2　在浏览器上下载播放器 ……………………………… 184

实验项目 7.1.3　安装播放器 ……………………………………………… 186

实验 7.2　电子邮件收发与管理 ……………………………………… 187

实验项目 7.2.1　申请网易 163 免费邮箱 ……………………………… 188

实验项目 7.2.2　通过网易 163 邮箱发送邮件 ………………………… 190

实验项目 7.2.3　通过 163 邮箱接收和管理邮件 ……………………… 192

实验 7.3　本地站点和网页的创建和制作 ……………………………… 194

实验项目 7.3.1　设计制作合川钓鱼城宣传网站 ……………………… 194

实验项目 7.3.2　设计制作个人网页名片 ……………………………… 197

实验 1 计算机基础操作与中英文录入

实验 1.1　计算机基础操作

【实验目的】

（1）了解计算机的系统配置，区分计算机的各类设备，学会正确地开关计算机。

（2）熟悉键盘布局，了解各键位的分布及作用，学会用正确的击键方法操作键盘。

（3）认识鼠标，学习鼠标的使用方法。

实验项目 1.1.1　开关机练习

任务描述

（1）请接通计算机的电源，按正确的方法启动计算机。

（2）请按正确的关机方法关闭计算机。

操作提示

（1）"启动"操作步骤如下。

步骤 1：接通交流电源总开关。

步骤 2：打开显示器（若显示器电源与主机电源连在一起，此步可省略）及其他外设电源（如音箱）。

步骤 3：打开主机电源（按下主机箱上的 POWER 电源按钮），计算机执行测试诊断程序，稍后屏幕上即会出现 Windows 登录界面或直接进入桌面，表示系统启动成功。

说明：计算机系统从休息状态（电源关闭）进入工作状态时进行的启动过程称为"冷启动"。

（2）"关机"操作步骤如下。

使用完计算机后，如果暂时一段时间不用，需要关闭计算机。正确的关机步骤如下。

步骤 1：关闭所有正在运行的程序或窗口。

步骤 2：单击"开始"按钮，选择"关机"命令，等待系统安全关机。

步骤 3：关闭外设电源。

注意：无论是开机还是关机，请务必按照如上正确步骤操作。在万不得已的情况下才采用按 POWER 电源按钮强行关闭计算机，强行关机对计算机的损害很大，直接切断交流电源的方法更不可取。

实验项目 1.1.2　"死机"情况的处理

任务描述

假设计算机因故障或操作不当而处于"死机"状态，请给出合理的解决方案来重新启动计算机，并进行实践操作。

操作提示

出现"死机"情况时，须按以下步骤来实现计算机重启。

图 1-1-1　屏幕界面

步骤 1：热启动。按 Ctrl ＋ Alt ＋ Delete 组合键，系统会自动弹出一个屏幕界面，如图 1-1-1 所示，提示用户选择哪个操作，包括锁定该计算机、切换用户、注销、更改密码、启动任务管理器。若选择启动任务管理器，则打开"Windows 任务管理器"对话框，选择"无响应的应用程序"后单击"结束任务"按钮，或选择无响应的进程后单击"结束进程"按钮，即可结束死机状态。

步骤 2：按 RESET 按钮，实现复位启动。当采用热启动不起作用时，可按复位按钮 RESET 进行启动，按下此按钮后立即释放，就完成了复位启动。这种复位启动也称为热启动。

步骤 3：强行关机后再重新启动计算机。如果使用前两种方法都不行，就直接长按 POWER 电源按钮，直到显示器黑屏，然后释放电源按钮，稍等片刻后再次按下 POWER 按钮启动计算机即可。这种启动属于冷启动。

实验项目 1.1.3　鼠标操作

任务描述

请练习鼠标的指向、单击、双击、右击和拖动操作。

操作提示

（1）指向：移动鼠标，将鼠标指针移到操作对象上，如图 1-1-2 所示。

（2）单击：快速按下并释放鼠标左键，一般用于选定一个操作对象。

例如，选定"计算机"图标的操作如下。

步骤 1：移动鼠标指针到"计算机"图标上，如图 1-1-2 所示。

步骤 2：快速按下并释放鼠标左键，如图 1-1-3 所示。

图 1-1-2　鼠标指针指向"计算机"图标

图 1-1-3　单击选中"计算机"图标

（3）双击：快速连续按下鼠标左键两次并释放，一般用于打开窗口或启动应用程序。

例如，打开"计算机"窗口的操作步骤如下。

步骤 1：将鼠标指针移到"计算机"图标上，如图 1-1-2 所示。

步骤 2：快速连续两次按下鼠标左键并释放，即可打开"计算机"窗口，如图 1-1-4 所示。

图 1-1-4　"计算机"窗口

（4）右击：快速按下鼠标右键并释放，一般用于打开一个与操作对象相关的快捷菜单。

例如，打开"计算机"窗口也可采用如下步骤。

步骤 1：将鼠标指针指向"计算机"图标，如图 1-1-2 所示。

步骤 2：快速按下鼠标右键并释放，立即弹出快捷菜单，如图 1-1-5 所示。

步骤 3：选择"打开"选项，如图 1-1-6 所示，立即打开"计算机"窗口，如图 1-1-4 所示。

【思考】　右击不同的操作对象所弹出的快捷菜单一样吗？请操作练习。

（5）拖动：按住鼠标左键拖动鼠标到指定位置，再释放按键的操作。拖动一般用于选择多个操作对象以及复制或移动对象等。

如选择"计算机"图标和"回收站"图标，将它们拖动至屏幕中心位置，操作步骤如下。

步骤 1：用鼠标拖动框选法将桌面上的"计算机"图标和"回收站"图标都选中，如图 1-1-7 所示。

图 1-1-5　"计算机"快捷菜单

图 1-1-6　选择"打开"选项

步骤 2：按下鼠标左键，并将它们拖动至屏幕中心位置后释放鼠标左键即可，如图 1-1-8 所示。

图 1-1-7　鼠标拖动框选法

图 1-1-8　移动至屏幕中心位置

实验项目 1.1.4　键盘操作

任务描述

观察键盘，完成以下任务。

（1）找到主键盘区、功能键区、编辑键区、数字小键盘区（辅助键区）和状态指示灯。

（2）识别和记忆各键名称、键位及功能，找到 Esc 键、Tab 键、CapsLock 键、左/右 Shift 键、左/右 Alt 键、左/右 Ctrl 键、Backspace 键、Delete 键、Insert 键、PrintScreen 键、Enter 键，了解它们各自的功能。

（3）了解键盘上的 3 个状态指示灯分别代表什么含义。

（4）用正确的指法分别敲击键盘上的各键。

问题解析及操作提示如下。

（1）问题解析。

① 键盘是很重要的输入设备，它的组成及分区如图 1-1-9 所示。

② 要求熟记键盘上各键的名称、键位及功能，它是我们熟练地编辑输入文档的重要基础。

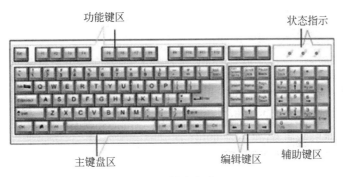

图 1-1-9　键盘的分区

③ 键盘上的 3 个状态指示灯的标识分别为 NumLock、CapsLock、ScrollLock，它们的功能如下。

- NumLock 指示灯：数字/编辑锁定状态指示灯。灯亮时表示小键盘处于数字输入状态（此时敲击小键盘输入 0～9 数字有效），否则为编辑输入状态。按 NumLock 键可实现状态切换。
- CapsLock 指示灯：大写字母锁定状态指示灯。灯亮时表示处于大写字母输入状态，否则为小写字母输入状态。按 CapsLock 键可实现大小写字母输入状态的切换。
- ScrollLock 指示灯：滚动锁定指示灯，由于很少用此键，在此不做说明。

（2）操作解析如下。

敲击键盘正确的指法如图 1-1-10 所示。

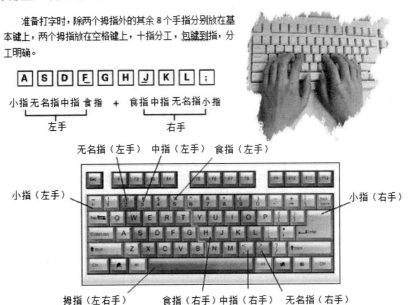

图 1-1-10　击键的正确指法

实验 1.2　中英文录入

【实验目的】

(1) 熟练掌握键盘使用的基本方法。

(2) 熟练掌握英文输入。

(3) 熟练掌握一种汉字输入法。

实验项目1.2.1　英文输入

任务描述

(1) 启动"写字板"程序，进入写字板。

(2) 将输入法切换成英文输入状态，在写字板中输入如下英语短文。

The content of the disk which is currently inserted into the source drive is read and stored in HD-COPY's internal buffer, Then it can be written to any number of destination disks.

Mouse usage：simply click anywhere in the source window, or click on this line in the main menu.

If "auto verify" is switched on, the data written to the disk is reread and compared with the actual data, so write errors can be detected，but it take more time of course.

If "format" is switched on, the destination disk is also formatted, It is also formatted if "format" is switched to "automatic"(" * ") and if the disk isn't already appropriately formatted.

Mous usage：simply click anywhere in the destination window，or click on this line in the main menu.

This menu entry leads to the "Format" submenu. It enables you to format disks at various formats(720 Kb up to 1. 764 Mb). Press the ESc key to return to the main menu.

A unique serial number and name is assigned to each disk. You can also specify a volume name for the disks being formatted，or you can let HD-COPY choose an "artificial" name which is calculated from the current system date and time. Additionally, each disk gets a special boot sector which causes the computer to boot from hard disk automatically if the disk isn't bootable. This also reduces the risk of virus infection.

操作提示

(1) 操作步骤如下。

步骤 1：单击"开始"按钮，弹出"开始"菜单。

步骤2：选择"所有程序"→"附件"→"写字板"命令，即进入写字板。

（2）操作提示如下。

按Ctrl+Space组合键，将输入法切换至英文状态，然后输入英文短文。

在输入过程中应掌握如下两个要领：

- 两眼注视原稿，绝对不允许看键盘，就是通常说的"盲打"。要靠手指的触摸和位置的熟练来确定击键的位置，只有坚持按照正确的操作方法和顺序进行练习，熟能生巧，才能逐步达到正确、熟练、快速的键盘录入水平。

- 精神高度集中，避免出现差错。要把输入的差错减少到最少，提高正确率，也就等于提高了速度。如果只顾追求录入速度而忽略了差错率，那么录入得越多，差错就越多，反而更慢了，这就是所谓的"欲速则不达"。

在输入过程中人的坐姿及手指指法如下：

- 手腕要平直、放松，手臂要保持静止，全部动作只限于手指部分。

- 手指要保持弯曲，稍微拱起，指尖轻轻放在字键的中央。

- 输入前应把手指按指法分区放在基本键位上，大拇指轻放在空格键上。输入时，手抬起，要让击键的手指伸出，轻击后立即返回基本键位"常驻地"，不可停留在已击的字键上，注意要有节律地轻击字键，不能击键过轻，也不能用力过猛。空格键由大拇指"管理"，只要右手轻抬，大拇指横着向下一击并立即回归，每击一次输入一个空格。段落结束或终止输入命令只需要用右手小指轻击Enter键，击键后右手应退回基本键位置。

实验项目1.2.2　中文输入

任务描述

选择一种汉字输入法，在写字板中输入如下两段中文短文。

水淹七军

三国时，军事损失最大的一场雨，也是曹操一生中遇到的最糟糕的一场雨，下于建安二十四年（公元219年）秋天，竟然"水淹七军"。

据《三国志·魏书·于禁传》（卷十七），当时，汉中王刘备命令关羽进攻魏军把守的樊城。樊城守将是曹仁，守城兵力不足，曹操立即派于禁、庞德二将，率领七支人马前去增援。曹仁让于禁、庞德不要进城，驻扎于城北，以里应外合，控制关羽攻城。

俗话说，人算不如天算。正在双方相持不下时，樊城一带下起一场也许是百年不遇的大暴雨，一连下了多日，导致汉水暴涨，地上积水三四米深，陆上可行船。魏军兵营设在一片平地上，谁也没有想到会突然来这么一场雨。大水汹涌而至，魏七军人马全被淹在水里。魏军多北方人，不习水性，事前又没准备船只，只得泅水往高地转移，但为时已晚——这就是三国经典故事"水淹七军"的由来。

这场雨，对魏军来说糟糕透顶，但对关羽则是一场及时雨，真是"天助我也"。关羽抓住战机，率领水军，把魏军全部消灭，于禁投降，庞德拒降被杀——七军人马因一场雨，报销了。

湖北襄阳的暴雨最容易成灾,在现代亦然。如在 2008 年夏,便下了十年不遇的强暴雨,造成很大损失,当然可能比曹操当年的受灾程度要低一些。

谈读书

读书足以怡情,足以博彩,足以长才。其怡情也,最见于独处幽居之时;其博彩也,最见于高谈阔论之中;其长才也,最见于处世判事之际。

练达之士虽能分别处理细事或一一判别枝节,然纵观统筹,全局策划,则舍好学深思者莫属。读书费时过多易惰,文采藻饰太盛则矫,全凭条文断事乃学究故态。

读书补天然之不足,经验又补读书之不足,盖天生才干犹如自然花草,读书然后知如何修剪移接,而书中所示,如不以经验范之,则又大而无当。

有一技之长者鄙读书,无知者羡读书,唯明智之士用读书,然书并不以用处告人,用书之智不在书中,而在书外,全凭观察得之。

读书时不可存心诘难读者,不可尽信书上所言,亦不可只为寻章摘句,而应推敲细思。

书有可浅尝者,有可吞食者,少数则须咀嚼消化。换言之,有只需读其部分者,有只须大体涉猎者,少数则须全读,读时须全神贯注,孜孜不倦。书亦可请人代读,取其所作摘要,但只限题材较次或价值不高者,否则书经提炼犹如水经蒸馏,淡而无味。

读书使人充实,讨论使人机智,笔记使人准确。因此不常做笔记者须记忆力特强,不常讨论者须天生聪颖,不常读书者须欺世有术,始能无知而显有知。

读史使人明智,读诗使人灵秀,数学使人周密,科学使人深刻,伦理学使人庄重,逻辑修辞之学使人善辩;凡有所学,皆成性格。

操作提示

输入汉字时首先需要选择一种汉字输入法,常用方法有以下两种。

- 鼠标选择法。
- 键盘选择法——使用快捷键。

【操作解析】　Windows 操作系统任务栏右边位置的"提示区"中有一个输入法的状态按钮,这个输入法状态按钮在默认状态下显示的是英文状态按钮 ⌨,单击该按钮即可弹出一个输入法选项列表,该列表中显示当前操作系统安装的所有输入法,如图 1-2-1 所示。

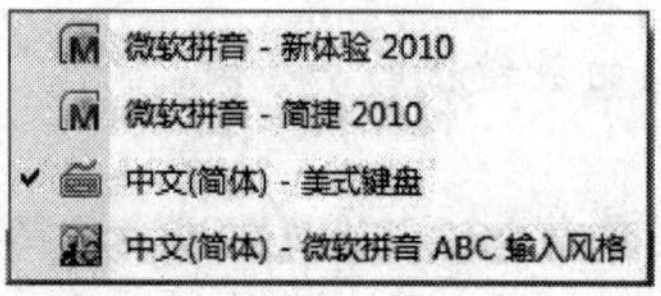

图 1-2-1　输入法选项列表

选择输入法选项列表中的相应选项即可选择要使用的输入法(选择一种输入法后,这种输入法的按钮就会代替以前的输入法按钮出现在 Windows"提示区"),当选中一种输入法后,就可以使用这种输入法输入文字了。

各种输入法的状态条都具有相似的结构。例如,当前选择的是微软拼音—简捷 2010 输入法,其状态条按钮的各个部分说明如图 1-2-2 所示。

为提高汉字输入速度,常使用如下快捷键来切换输入法:

- 按 Ctrl+Space 组合键切换中英文输入法;
- 按 Ctrl+Shift 组合键可在各种输入法之间循环切换;

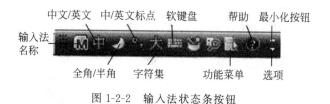

图 1-2-2　输入法状态条按钮

- 按 Shift＋Space 组合键可在全角与半角状态之间切换；
- 按"Ctrl＋。"或"Ctrl＋."可在中英文标点符号之间切换。

注意：中英文录入是学习计算机操作的基本功，一定要勤加练习，提高中英文录入速度。汉字录入速度要求达到 40 字/分钟以上。为了提高录入效率，请熟练掌握并且灵活运用 Ctrl＋Space、Ctrl＋Shift 等快捷键来切换输入法状态。

实验 2

Windows 7 操作系统

实验 2.1　Windows 7 的系统设置

【实验目的】

(1) 理解操作系统的基本概念和 Windows 7 的新特性。

(2) 掌握对 Windows 7 控制面板的设置。

实验项目 2.1.1　设置桌面背景

任务描述

桌面背景选用一幅自己喜欢的自然风景图片,并选用拉伸方式覆盖整个桌面,换片时间为 30 分钟。自然风景图片存放于上篇"实验指导\实验指导素材库\实验 2\涉外自然风景"文件夹中。

操作提示

步骤 1:选择"开始"→"控制面板"命令打开"控制面板"窗口,如图 2-1-1 所示。

步骤 2:在控制面板的"外观和个性化"栏目下,单击"更改桌面背景"超链接,或在桌面空白处右击,在弹出的快捷菜单中选择"个性化"选项,在打开的"个性化"窗口的下方单击"桌面背景"超链接,打开"选择桌面背景"窗口,如图 2-1-2 所示。

步骤 3:单击"浏览"按钮,在打开的"浏览文件夹"对话框中找到目标文件夹——"涉外自然风景",如图 2-1-3 所示。单击"确定"按钮,又返回到"选择桌面背景"窗口,如图 2-1-4 所示。

步骤 4:在"图片位置"下拉列表框中选择"拉伸"选项,单击"全选"按钮,并将"更改图片时间间隔"调整为 30 分钟,然后单击"保存修改"按钮。再关闭"控制面板"窗口即可完成桌面背景的设置。

图 2-1-1　"控制面板"窗口

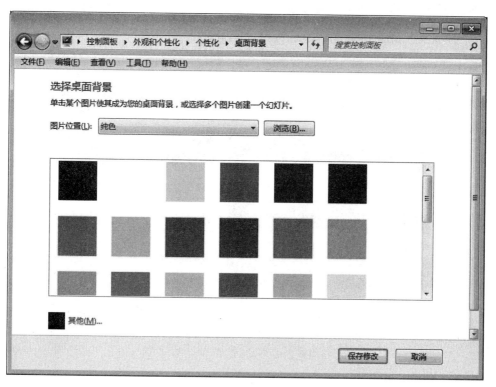

图 2-1-2　"桌面背景"窗口一

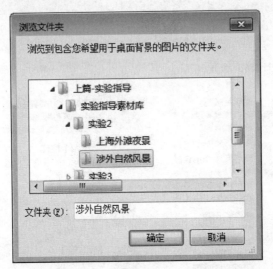

图 2-1-3　"浏览文件夹"对话框

图 2-1-4　"桌面背景"窗口二

实验项目2.1.2 设置屏幕保护

任务描述

设置屏幕保护,要求选择并插入一组图片——上海外滩夜景,等待时间设置为5分钟,幻灯片放映速度为中速。图片存放于上篇"实验指导\实验指导素材库\实验2\上海外滩夜景"文件夹中。

操作提示

步骤1:右击桌面空白处,在弹出的快捷菜单中选择"个性化"选项,打开"个性化"窗口,在窗口的右下角单击"屏幕保护程序"超链接,打开"屏幕保护程序设置"对话框。在"屏幕保护程序"下拉列表框中选择"照片"选项,等待时间调为5分钟,如图2-1-5所示。

图 2-1-5 "屏幕保护程序设置"对话框一

步骤2:在"屏幕保护程序设置"对话框中单击"设置"按钮,打开"照片屏幕保护程序设置"对话框,在"幻灯片放映速度"下拉列表框中选择"中速"选项,如图2-1-6所示。

步骤3:单击"浏览"按钮,打开"浏览文件夹"对话框,按存放路径选择"上海外滩夜景"文件夹,如图2-1-7所示。单击"确定"按钮返回"照片屏幕保护程序设置"对话框,再单击"保存"按钮返回"屏幕保护程序设置"对话框,如图2-1-8所示。最后再单击"确定"按钮或"应用"按钮完成设置。

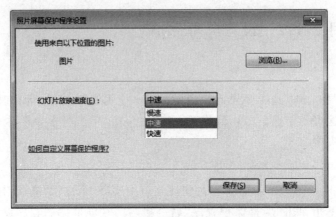

图 2-1-6　"照片屏幕保护程序设置"对话框

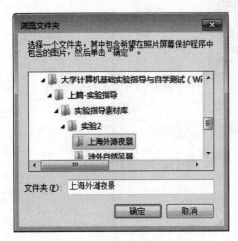

图 2-1-7　"浏览文件夹"对话框

图 2-1-8　"屏幕保护程序设置"对话框二

实验项目2.1.3　任务栏设置

任务描述

改变任务栏的位置,将任务栏设置为自动隐藏。

操作提示

步骤 1:右击任务栏空白处,在弹出的快捷菜单中选择"属性"命令,打开"任务栏和「开始」菜单属性"对话框。

步骤 2：单击"屏幕上的任务栏位置"下拉列表，选择相应选项，即可改变任务栏在屏幕上的位置。

步骤 3：单击选中"任务栏外观"栏中的"自动隐藏任务栏"复选框，即可将任务栏设置为自动隐藏。

说明：以上两项设置只有在单击"确定"按钮后才生效，如图 2-1-9 所示。

图 2-1-9 "任务栏和「开始」菜单属性"对话框

实验项目 2.1.4 设置系统日期和时间

任务描述

以北京标准时钟为准设置系统日期和时间。

操作提示

步骤 1：单击任务栏右下角的"日期和时间"图标，打开如图 2-1-10 所示的日期时间信息提示区。

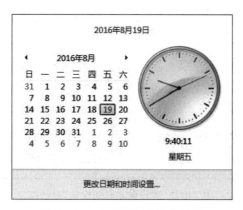

图 2-1-10 日期时间信息提示区

步骤 2：单击"更改日期和时间设置"超链接，打开"日期和时间"对话框，如图 2-1-11 所示。

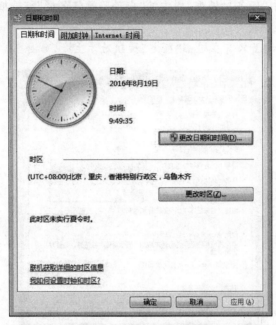

图 2-1-11 "日期和时间"对话框

步骤 3：单击"更改日期和时间"按钮，打开"日期和时间设置"对话框，单击"日期"框上端的左右箭头可调整月份值，单击"日期"框中的数字可选择该月份的日期值，在时钟下的"数字"框中可修改小时数、分钟数和秒数，如图 2-1-12 所示。

图 2-1-12 "日期和时间设置"对话框

步骤4：单击"确定"按钮，返回"日期和时间"对话框，再单击"确定"按钮完成日期和时间的设置。

实验项目 2.1.5　用户管理

任务描述

创建用户名为 Student 的账户并为该账户设置 8 位密码。

操作提示

步骤1：单击"开始"→"控制面板"选项，打开"控制面板"窗口，在"用户账户和家庭安全"栏目下单击"添加或删除用户账户"超链接，打开"管理账户"窗口，如图 2-1-13 所示。

图 2-1-13　"管理账户"窗口一

步骤2：单击"创建一个新账户"超链接，打开"创建新账户"窗口，如图 2-1-14 所示。

步骤3：在"新账户名"文本框中输入新账户名"Student"，并选择"标准用户"单选按钮，然后单击"创建账户"按钮返回"管理账户"窗口，如图 2-1-15 所示。

分析说明：创建新账户后，在"管理账户"窗口新增加了一个名为"Student"的标准用户。

步骤4：单击"Student 标准用户"图标，打开"更改账户"窗口，如图 2-1-16 所示。

步骤5：单击"创建密码"超链接，打开"创建密码"窗口，在"新密码"和"确认新密码"文本框中均输入相同的 8 位密码，例如"67613862"，然后单击"创建密码"按钮，如图 2-1-17 所示。最后关闭所有打开的窗口即可完成设置。

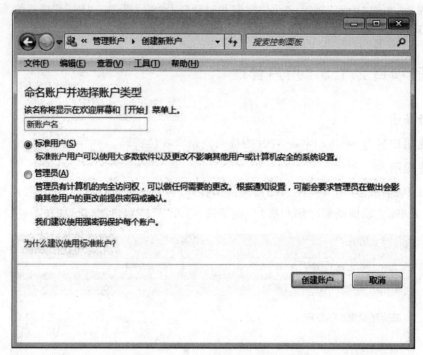

图 2-1-14   "创建新账户"窗口

图 2-1-15   "管理账户"窗口二

图 2-1-16 "更改账户"窗口

图 2-1-17 设置账户密码

实验 2.2　Windows 7 的系统维护

【实验目的】

（1）理解操作系统的基本概念和 Windows 7 的新特性。

（2）掌握常用的系统维护方法。

实验项目 2.2.1　优盘的安全使用

任务描述

优盘以其存储信息量大、小巧玲珑、插拔和携带方便等优点被广泛用作计算机系统中信息复制、信息存储的设备。正是由于这个原因，优盘常常频繁地接触其他计算机、计算机网络，因此它也就成了计算机系统中病毒的主要携带者、传播者。所以在复制和使用优盘中的数据之前必须对其杀毒，使用完后要安全拔出。

（1）确保计算机中有杀毒软件（以 360 安全卫士的安装为例）。

步骤 1：首先应该打开百度页面，输入"360 安全卫士下载"，单击进入。

步骤 2：接着出现各种网站的下载链接，一般常用的是官网，进入官网，相比其他网站来说，其安全指数是比较高的，无病毒，无广告。

步骤 3：进入一键安装的页面，稍等片刻，出现一个立即安装提示。根据自己的需要，可以选择把它安装到任意一个磁盘中。

步骤 4：在安装的过程中，只需要稍等片刻，等待安装完成。

步骤 5：安装完毕，360 安全卫士图标就显示于计算机桌面，有时会弹出一个消息，即要求重启计算机，重启后，就可以使用了。

（2）优盘使用前必须进行扫描检查，操作步骤如下。

步骤 1：当把优盘插入计算机主机中的 USB 接口时，在桌面或任务栏或"计算机"中都可看到优盘的图标或优盘的信息提示框，如图 2-2-1 所示。

图 2-2-1　优盘的信息提示框

步骤 2：单击"查杀"按钮或在"计算机"中右击优盘图标，在弹出的快捷菜单中选择"使用 360 杀毒扫描"，系统便对优盘进行扫描检查，弹出"360 安全卫士9.6"窗口，如图 2-2-2 所示，中间的"长条区"为扫描进度。

步骤 3：根据扫描结果决定是否需要处理，如图 2-2-3 所示为扫描结果的信息显示，由于无病毒，因此不需要查杀。

步骤 4：单击"返回"按钮，再单击右上角的"关闭"按钮关闭窗口即可。

（3）优盘使用之后的安全拔出。

优盘使用之后不能随意拔出，否则会损坏数据。安全拔出优盘的步骤如下。

图 2-2-2 自定义扫描

图 2-2-3 扫描结果的信息显示

步骤1：单击"任务栏"信息提示区的优盘图标，立即弹出"360 U盘保镖"提示框，如图2-2-4所示。

步骤2：单击"安全弹出"选项，如图2-2-5所示，立即弹出"U盘已安全拔出"提示信息，如图2-2-6所示。

图2-2-4　弹出信息提示框　　图2-2-5　选择"安全弹出"选项　　图2-2-6　"U盘已安全拔出"提示

步骤3：拔出优盘。

实验项目2.2.2　磁盘清理

任务描述

通过运行磁盘清理程序，清空回收站、删除临时文件和不再使用的文件、卸载不再使用的软件等，以达到回收磁盘存储空间的目的。

操作提示

步骤1：选择"开始"→"所有程序"→"附件"→"系统工具"→"磁盘清理"选项，打开"磁盘清理：驱动器选择"对话框，如图2-2-7所示。

步骤2：如果采用默认选择，即选择C盘，单击"确定"按钮即可。或打开桌面上的计算机，在本地磁盘(C)盘上右键单击，选择属性。在弹出的本地磁盘属性中选择常规，单击磁盘清理，弹出如图2-2-8所示的对话框。该对话框显示正在计算C盘可以释放多少存储空间的进度。进度结束后显示如图2-2-9所示信息，该信息显示通过磁盘清理可释放149MB磁盘空间。

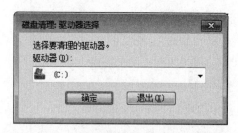 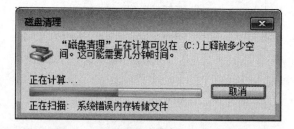

图2-2-7　"磁盘清理：驱动器选择"对话框　　图2-2-8　显示计算释放存储空间的进度

步骤3：在"要删除的文件"列表框中选择需要删除的临时文件，单击"确定"按钮，打开"磁盘清理"对话框，如图2-2-10所示。

步骤4：单击"删除文件"按钮，完成磁盘清理。

图 2-2-9 显示 C 盘需要清理的文件

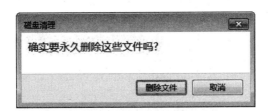

图 2-2-10 "磁盘清理"对话框

实验项目 2.2.3 磁盘信息浏览

任务描述

浏览并记录当前计算机系统中磁盘的分区信息,将其填入如图 2-2-11 所示的表格中。

存储器		盘符	文件系统类型	空闲空间
磁盘D	主分区			
	扩展分区			
DVD/CD-ROM				

图 2-2-11 磁盘信息分区表

操作提示

步骤1：右击"计算机"图标，从弹出的快捷菜单中选择"管理"命令，打开"计算机管理"窗口，如图2-2-12所示。

图2-2-12　"计算机管理"窗口一

步骤2：在左侧窗格中选择"磁盘管理"选项，进入磁盘管理界面，如图2-2-13所示。

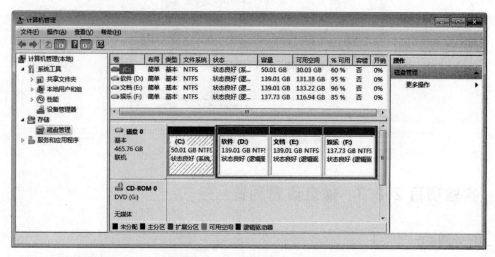

图2-2-13　"计算机管理"窗口二

步骤3：将图2-2-13中间窗格所显示磁盘分区相关信息对应填入图2-2-11所示的表格中。

实验项目2.2.4　设备管理信息查询

任务描述

进入设备管理界面，填写下列信息。

（1）计算机的型号：　　　　　　（　　　　　　）。

（2）处理器的型号：　　　　　　（　　　　　　）。

（3）显示适配器的型号：　　　　（　　　　　　）。

（4）磁盘驱动器的型号：　　　　（　　　　　　）。

（5）网络适配器的型号：　　　　（　　　　　　）。

（6）DVD/CD-ROM 驱动器的型号：（　　　　　　）。

操作提示

步骤1：在"计算机管理"窗口的左侧窗格中选择"设备管理器"选项，进入设备管理界面，如图 2-2-14 所示。

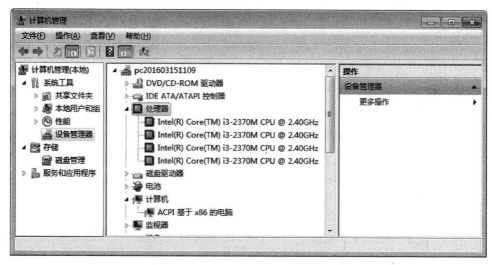

图 2-2-14　"计算机管理"窗口三

步骤2：在其中间窗格中选择某选项，即可查看到相应设备的型号。

实验2.3　Windows 7 的文件管理

（1）理解操作系统的基本概念和 Windows 7 的新特性。

（2）掌握 Windows 7 的文件与文件夹常规操作。

（3）掌握文件与文件夹的搜索方法。

（4）掌握回收站的设置与使用。

实验项目2.3.1　文件与文件夹的常规操作

任务描述

（1）在 D 盘根目录下建立两个一级文件夹 Jsj1 和 Jsj2，再在 Jsj1 文件夹下建立两个二级文件夹 mmm 和 nnn。

（2）在 Jsj2 文件夹中新建 4 个文件名，分别为"wj1. txt""wj2. txt""wj3. txt" "wj4. txt"。

（3）将上题建立的 4 个文件复制到 Jsj1 文件夹中。

（4）将 Jsj1 文件夹中的 wj2. txt 和 wj3. txt 文件移动到 nnn 文件夹中。

（5）删除 Jsj1 文件夹中的 wj4. txt 文件到回收站中，然后再将其恢复。

（6）在 Jsj2 文件夹中建立"记事本"的快捷方式。

（7）将 mmm 文件夹的属性设置为"隐藏"。

（8）设置"显示"或"不显示"隐藏的文件和文件夹。观察前后文件夹 mmm 的变化。

（9）设置系统"显示"或"不显示"文件类型的后缀名（扩展名），观察 Jsj2 文件夹中各文件名称的变化。

操作提示

（1）操作步骤如下。

步骤 1：进入 D 盘根目录下，单击"文件"→"新建"→"文件夹"命令；或右击空白处，在弹出的快捷菜单中选择"新建"→"文件夹"命令，即可生成新的文件夹。

步骤 2：新文件夹的名字呈现蓝色可编辑状态，编辑名称为题目指定的名称 Jsj1。

步骤 3：用同样方法在 D 盘根目录下建立 Jsj2 文件夹。

步骤 4：进入 Jsj1 文件夹，用同样方法建立两个二级文件夹 mmm 和 nnn。

（2）操作步骤如下。

步骤 1：进入 Jsj2 文件夹，单击"文件"→"新建"→"文本文档"命令；或右击空白处，在弹出的快捷菜单中选择"新建"→"文本文档"命令，即可生成新的文件。

步骤 2：新文件的名字呈现蓝色可编辑状态，编辑名称为题目指定的名称 wj1. txt。

步骤 3：用同样方法在 Jsj2 文件夹中建立 wj2. txt、wj3. txt、wj4. txt。

（3）操作步骤如下。

步骤 1：进入 Jsj2 文件夹，按快捷键 Ctrl＋A 或单击"编辑"→"全选"命令。

步骤 2：右击被选中对象，在弹出的快捷菜单中选择"复制"命令，或单击"编辑"→"复制"命令。

步骤 3：单击窗口左上角的"←"按钮返回 D 盘，双击 Jsj1 图标再次进入 Jsj1 文件夹。

步骤 4：单击"编辑"→"粘贴"命令，或右击空白处，在弹出的快捷菜单中选择"粘贴"命令。

（4）操作步骤如下。

步骤 1：进入 Jsj1 文件夹，单击选中 wj2. txt 文件，按住 Ctrl 键的同时单击选中 wj3. txt。

步骤 2：单击"编辑"→"剪切"命令，或右击被选中对象，在弹出的快捷菜单中选择"剪切"命令。

步骤 3：进入 nnn 文件夹，单击"编辑"→"粘贴"命令，或右击空白处，在弹出的快捷菜单中选择"粘贴"命令。

（5）操作步骤如下。

步骤 1：进入 Jsj1 文件夹，单击选中 wj4. txt 文件，按 Delete 键，或单击"文件"→"删除"命令,或右击 wj4. txt 文件,在弹出的快捷菜单中选择"删除"命令,弹出"删除文件"对话框,单击"是"按钮,即将 wj4. txt 文件删除至回收站。

步骤 2：进入回收站,选中 wj4. txt 文件,单击"还原此项目"按钮,或选择"文件"→"还原"命令,或右击 wj4. txt 文件,在弹出的快捷菜单中选择"还原"命令,wj4. txt 文件又恢复到 Jsj1 文件夹中。

(6) 操作步骤如下。

步骤 1：进入 Jsj2 文件夹窗口,并单击窗口右上角的"向下还原"按钮,使该窗口处于还原状态。

步骤 2：单击"开始"→"所有程序"命令,打开"附件"菜单,单击选中"记事本"图标,并将其拖移到 Jsj2 文件夹窗口,则"记事本"的快捷方式创建成功。

(7) 操作步骤如下。

步骤 1：进入 Jsj1 文件夹,选中 mmm 文件夹,单击"文件"→"属性"命令,或右击 mmm 文件夹,在弹出的快捷菜单中选择"属性"命令,弹出文件夹"mmm 属性"对话框,如图 2-3-1 所示。

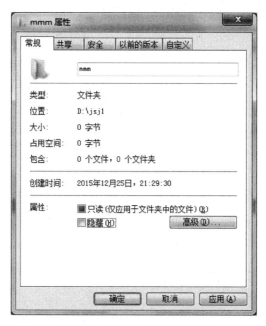

图 2-3-1 "mmm 属性"对话框

步骤 2：在"属性"栏,单击勾选"隐藏"复选框。

步骤 3：单击"确定"按钮(此时,mmm 文件夹的颜色由深黄色变为浅黄色)。

(8) 操作步骤如下。

步骤 1：进入 Jsj1 文件夹,单击"组织"→"文件夹和搜索选项"命令,或选择"工具"→"文件夹选项"命令,打开"文件夹选项"对话框。

步骤 2：切换至"查看"选项卡,拖动"高级设置"框右侧的滚动条可浏览并设置各条目。在"隐藏文件和文件夹"条目中有两个单选按钮,如图 2-3-2 所示。如果选择"不显示隐藏的文件、文件夹或驱动器",则设置为"隐藏"属性的文件或文件夹将不显示;如果选择"显示隐藏的文件、文件夹和驱动器",则设置为"隐藏"属性的文件或文件夹将恢复显示。

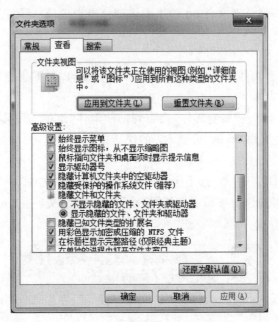

图 2-3-2   "文件夹选项"对话框

(9) 操作步骤如下。

步骤 1:进入 Jsj2 文件夹,单击"组织"→"文件夹和搜索选项"命令,或选择"工具"→"文件夹选项"命令,打开"文件夹选项"对话框。

步骤 2:切换至"查看"选项卡,拖动"高级设置"框右侧的滚动条可浏览并设置各条目。勾选"隐藏已知文件类型的扩展名"复选框,则文件扩展名隐藏;去掉勾选"隐藏已知文件类型的扩展名"复选框,则文件扩展名显示,如图 2-3-2 所示。

实验项目 2.3.2   文件和文件夹的搜索

任务描述

(1) 查找 D 盘上所有扩展名为.txt 的文件。

(2) 查找 C 盘上文件名中第二个字符为 a,第四个字符为 b,扩展名为 jpg 的文件,并将搜索结果以文件名"JPG 文件. Search-ms"保存在"我的文档"文件夹中。

(3) 查找 D 盘中上星期修改过的所有"＊.jpg"文件,如果查找到,将它们复制到 C:\JSJ12\ABC1 中。

(4) 查找"计算机"中所有大于 128MB 的文件。

操作提示

(1) 操作步骤如下。

步骤1：选择进入 D 盘。

步骤2：在地址栏右侧文本框中输入"＊.txt"后按 Enter 键，系统便立即开始搜索，并将搜索结果按不同文件名和路径显示在右侧的窗格中。

【提示】 在搜索时，可使用通配符"？"和"＊"，"？"表示任意一个字符，"＊"表示任意一个字符串。

（2）操作步骤如下。

步骤1：进入 C 盘，在地址栏右侧的搜索文本框中输入"?a?b＊.jpg"后按 Enter 键，系统便开始搜索。

步骤2：搜索结束后，单击"保存搜索"按钮，弹出"另存为"对话框，在地址栏中选择 Admin→"我的文档"路径，在"文件名"文本框中输入"JPG 文件"，在"保存类型"下拉列表中选择"保存的搜索结果(＊.Search-ms)"选项。

（3）操作步骤如下。

步骤1：进入 D 盘，在地址栏右侧的搜索文本框中输入"＊.jpg"，选择"修改日期"为"上星期"，如图 2-3-3 所示，按 Enter 键系统便立即开始搜索。

步骤2：如果搜索到"＊.jpg"文件，将其复制到 C:\JSJ12\ABC1 文件夹中。

（4）操作步骤如下。

步骤1：在桌面上双击"计算机"图标，进入"计算机"窗口。

步骤2：单击地址栏右侧的搜索文本框，从弹出的下拉列表（如图 2-3-3 所示）中选择"大小"选项，在弹出如图 2-3-4 所示的下拉列表中选择"巨大（＞128MB）"选项，按 Enter 键，系统便立即开始搜索，搜索结束后系统即会将计算机中所有大于 128MB 的文件显示于右侧的窗格中。

图 2-3-3 单击"搜索框"的下拉列表

图 2-3-4 单击"大小"选项的下拉列表

实验项目 2.3.3 回收站的设置与使用

任务描述

（1）设置各个磁盘驱动器的"回收站"容量：C 盘"回收站"的最大存储空间为该盘容量的 10%，其余磁盘的"回收站"最大存储空间为该盘容量的 8%。

（2）在桌面上分别建立"资源管理器"和"记事本"的快捷方式。

（3）在桌面上建立文件名为 Mytest.txt 的文本文件。

（4）删除桌面上已经建立的"资源管理器"和"记事本"快捷方式。

（5）恢复刚删除的"资源管理器"和"记事本"快捷方式。

（6）永久删除桌面上已经建立的 Mytst. txt 文件对象，使之不可恢复。

操作提示

（1）操作步骤如下。

步骤 1：右击"回收站"图标，在弹出的快捷菜单中选择"属性"命令，打开"回收站 属性"对话框，如图 2-3-5 所示。

图 2-3-5　"回收站属性"对话框

步骤 2：然后分别对 C 盘和其他盘的"回收站"最大存储空间进行设置即可。

（2）操作步骤如下。

步骤 1：单击"开始"→"所有程序"→"附件"命令，打开"附件"菜单。

步骤 2：右击"Windows 资源管理器"命令，在弹出的快捷菜单中选择"发送到"→"桌面快捷方式"命令，即可在桌面上建立"资源管理器"快捷方式。

步骤 3：用同样的方法可在桌面上建立"记事本"快捷方式。

（3）操作步骤如下。

步骤 1：右击桌面空白处，在弹出的快捷菜单中选择"新建"→"文本文档"命令，桌面上出现"新建文本文档. txt"图标。

步骤 2：按 F2 键，此时新文件的名字呈蓝色可编辑状态，编辑名称为题目指定的名称 Mytst. txt。

（4）操作步骤如下。

步骤 1：选中 Windows 资源管理器快捷方式图标。

步骤 2：按 Delete 键或在其快捷菜单中选择"删除"命令，在弹出的"删除快捷方式"对话框中单击"是"按钮，如图 2-3-6 所示，即可删除所选对象。

步骤 3：用同样方法删除"记事本"快捷方式。

图 2-3-6　确认删除

（5）操作步骤如下。

步骤 1：打开"回收站"窗口，选定待恢复对象。

步骤 2：选择"文件"→"还原"命令，或在其快捷菜单中选择"还原"命令，待恢复对象即可回到原来的位置。

（6）操作步骤如下。

步骤 1：在桌面上选中要永久性删除对象 Mytst. txt 文件。

步骤 2：按住 Shift 键的同时按 Delete 键，打开"删除文件"对话框，如图 2-3-7 所示，单击"是"按钮，即可永久性删除所选对象。按这种方式删除的文件/文件夹或快捷方式图标不会进入"回收站"，也无法恢复，故为永久性删除。

图 2-3-7　确认永久性删除

Word 2010文字处理软件操作

实验 3.1　Word 文档的基本操作和排版

【实验目的】

（1）掌握 Word 文档的建立、保存与打开。

（2）掌握 Word 文档的基本编辑。

（3）掌握 Word 文档的字符格式、段落格式和页面格式的设置。

（4）掌握 Word 文档的修饰，如设置项目符号和编号、分栏和首字下沉等操作。

实验项目 3.1.1　制作自荐书

任务描述

进入"实验指导素材库\实验 3\实验 3.1\"文件夹，打开"自荐书_文字素材. docx"文档，按如下要求设置后，分别以"自荐书. docx"和"自荐书. doc"为文件名保存在文件夹中。设计样例如图 3-1-1 所示，也可打开"自荐书_样张. docx"文档查看。

（1）纸张 A4，上下左右页边距均为 2.8 厘米。

（2）标题为华文行楷、二号、加粗、居中，段后间距 1.5 行。

（3）正文和落款设置为华文行楷、小四号、加粗，左右各缩进 0.5 字符，首行缩进 2 字符，行距 25 磅。

（4）落款距正文 2 行，落款和日期右对齐。

操作提示

打开"自荐书_文字素材. docx"文档。

（1）纸张、页边距设置。

步骤 1：在"页面布局"选项卡的"页面设置"组中，单击"页面设置"按钮，打开"页面设置"对话框，将"页边距"的上、下、左、右均设置为 2.8 厘米，如图 3-1-2 所示。

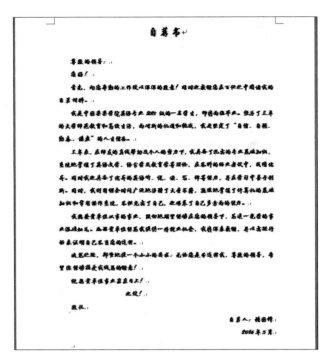

图 3-1-1　"自荐书"样例

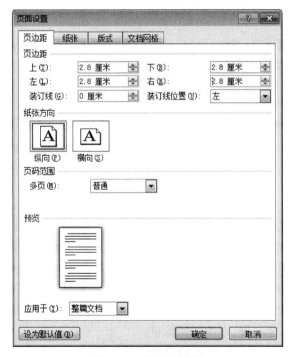

图 3-1-2　设置页边距

　　步骤 2：切换至"纸张"选项卡，在"纸张大小"下拉列表框中选择 A4（也可不选，因为 A4 为默认选择），如图 3-1-3 所示。

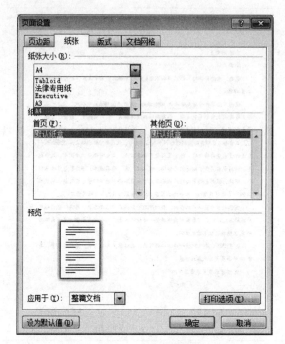

图 3-1-3　设置纸张

步骤 3：单击"确定"按钮，关闭对话框。

（2）标题段设置。

步骤 1：选中标题文字，在"开始"选项卡的"字体"组中分别单击"字体""字号"和"加粗"按钮，将文字设置为华文行楷、二号、加粗，如图 3-1-4 所示。

图 3-1-4　设置标题文字的字体字号

步骤 2：切换至"段落"组，单击"居中"按钮。

步骤 3：单击"段落"按钮，打开"段落"对话框，设置"段后"间距为 1.5 行。单击"确定"按钮关闭对话框，如图 3-1-5 所示。

（3）正文和落款设置。

步骤 1：选中正文和落款文字。在"开始"选项卡的"字体"组中单击"字体""字号"和"加粗"按钮，设置为华文行楷、小四号和加粗。

步骤 2：切换至"开始"选项卡的"段落"组，单击"段落"按钮，打开"段落"对话框，切换至"缩进和间距"选项卡。在"缩进"栏，将"左侧""右侧"分别调整至 0.5 字符，在"特殊格式"下拉列表框中选择"首行缩进"2 字符；在"间距"栏的"行距"下拉列表框中选择"固定值"，并将"设置值"调整为 25 磅，然后单击"确定"按钮关闭对话框，如图 3-1-6 所示。

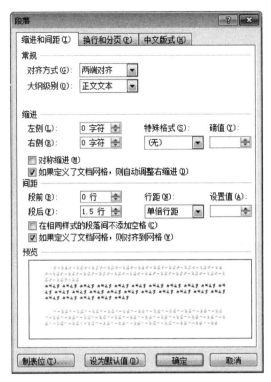

图 3-1-5　设置标题的段后间距

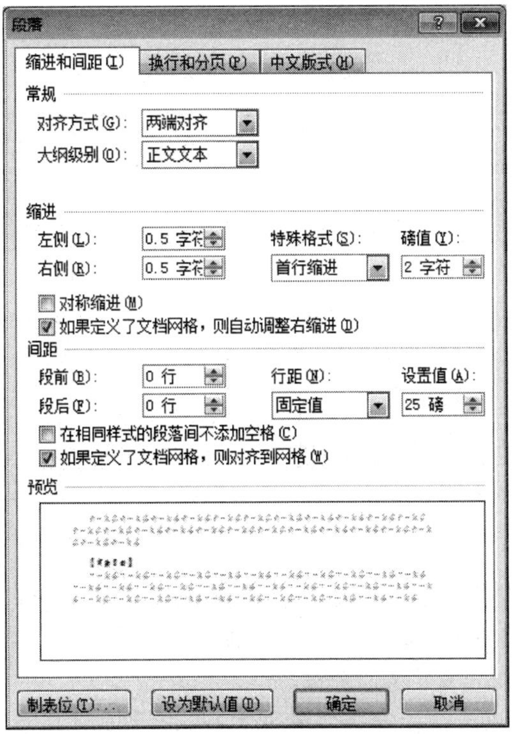

图 3-1-6　设置正文和落款的缩进和行距

（4）落款和日期的设置。

步骤1：选中落款，在"段落"对话框中将"段前"间距设置为2行。

步骤2：选中落款和日期，在"开始"选项卡的"段落"组中单击"右对齐"按钮，使其右对齐。

步骤3：全部操作完成后，单击"文件"按钮，在弹出的下拉列表中选择"另存为"选项，打开"另存为"对话框，保存位置选择需要保存文件的文件夹，在"文件名"文本框中输入"自荐书"，在"保存类型"下拉列表框中选择"Word文档（＊.docx）"选项即可，关闭文件。

步骤4：打开已经编辑好的"自荐书.docx"文件，单击"文件"按钮，在弹出的下拉列表中选择"另存为"选项，打开"另存为"对话框，保存位置和文件名不变，在"保存类型"下拉列表框中选择"Word 97—2003文档（＊.doc）"选项即可，关闭文件，如图3-1-7所示。

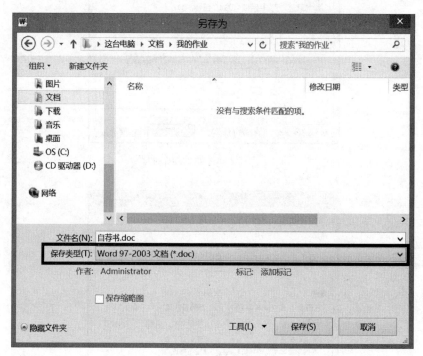

图 3-1-7　另存为兼容性更好的文件类型

实验项目 3.1.2　制作简报

任务描述

进入"实验指导素材库\实验3\实验3.1\"文件夹，打开"简报_文字素材.docx"文档，按如下要求设置后，以"简报.docx"为文件名保存在文件夹中。简报样例如图3-1-8所示，也可打开"简报_样张.docx"文档查看。

（1）页面设置。页边距：上、下各2.4厘米，左、右各2.8厘米；纸张：A4。

（2）标题设置为艺术字，选"第4行第2列"样式，一号字、华文行楷；文本效果选"转换—弯曲—正三角"；自动换行选"上下型环绕"；居中。

（3）正文和落款字体设置为楷体、小四号、加粗；段落首行缩进2字符，行距18磅；标题和正文间距2行，正文和落款间距2行；落款和日期设置为右对齐。

（4）正文第1段：首字下沉2行、隶书、距正文0.4厘米；正文第2段：分成等宽的三栏，加分隔线；正文第3、第4段：加红色项目符号"❖"。

（5）设置艺术型页面边框。

图3-1-8　"简报"样例

操作提示

打开"简报_文字素材.docx"文档。

（1）页面设置。

步骤1：在"页面布局"选项卡的"页面设置"组中，单击"页面设置"按钮，打开"页面设置"对话框，将"页边距"的上、下设置为2.4厘米，左、右设置为2.8厘米。

步骤2：切换至"纸张"选项卡，在"纸张大小"下拉列表框中选择A4。

步骤3：单击"确定"按钮，关闭对话框。

（2）标题设置。

步骤1：选中标题段文字，在"插入"选项卡的"文本"组中单击"艺术字"按钮，在弹出的下拉列表中选择第4行第2列样式，如图3-1-9所示。

步骤2：切换至"开始"选项卡的"字体"组中，分别单击"字体""字号"按钮，设置艺术字为华文行楷、一号字。

步骤 3：选中艺术字，单击"绘图工具—格式"选项卡，在"排列"组中单击"自动换行"按钮，在弹出的下拉列表中选择"上下型环绕"选项，如图 3-1-10 所示。

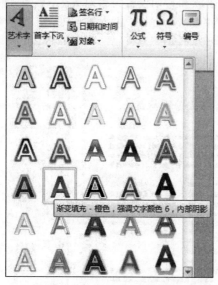

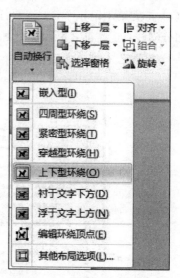

图 3-1-9　选择艺术字样式　　　　　　　　　　图 3-1-10　设置上下型环绕

步骤 4：切换至"艺术字样式"组中，单击"文本效果"按钮，在弹出的下拉列表中选择"转换"→"弯曲"→"正三角"选项，如图 3-1-11 所示。

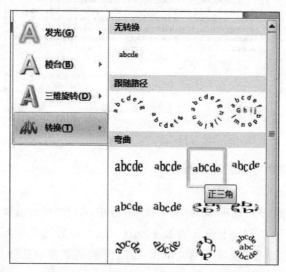

图 3-1-11　"文本效果"按钮列表选项

步骤 5：选中艺术字，将其拖移至居中位置。

（3）正文和落款的设置。

步骤 1：将光标定位于正文最前端，连续按两次 Enter 键，使标题和正文间距两行。

步骤2：选中正文和落款(包括日期)文字，在"开始"选项卡的"字体"组中分别单击"字体""字号"和"加粗"按钮，设置字体为楷体、小四号和加粗。

步骤3：确认选中正文和落款，切换至"开始"选项卡的"段落"组中，单击"段落"按钮，打开"段落"对话框，在"缩进和间距"选项卡下的"缩进"栏中单击"特殊格式"下拉按钮，选择"首行缩进"2字符，在"间距"栏中单击"行距"下拉按钮选择"固定值"选项，将其右边的"设置值"调整为18磅即可，如图3-1-12所示。

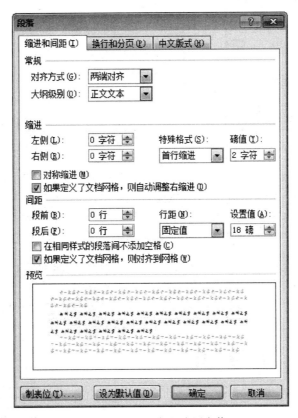

图3-1-12　设置行距为固定值

步骤4：单击"确定"按钮，关闭对话框。

步骤5：选中落款，在打开的"段落"对话框中将"段前"间距设置为2行。

步骤6：选中落款和日期，在"开始"选项卡的"段落"组中单击"右对齐"按钮，使其右对齐。

(4) 正文第1~第4段的设置。

步骤1：选中正文第1段，在"插入"选项卡的"文本"组中单击"首字下沉"按钮，在弹出的下拉列表中选择"首字下沉选项"命令，打开"首字下沉"对话框。在"位置"栏单击"下沉"选项，在"选项"栏设置"字体"为隶书、"下沉行数"为2，"距正文"为0.4厘米。然后单击"确定"按钮，关闭对话框，如图3-1-13所示。

步骤2：选中正文第2段，在"页面布局"选项卡的"页面设置"组中单击"分栏"按钮，在弹出的下拉列表中选择"更多分栏"选项，打开"分栏"对话框；在"预设"栏选择"三栏"

选项,选中"分隔线"复选框;然后单击"确定"按钮,关闭对话框,如图 3-1-14 所示。

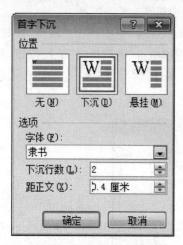

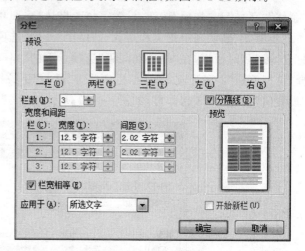

图 3-1-13　首字下沉设置　　　　　　　　　图 3-1-14　分栏设置

步骤 3:选中正文第 3、第 4 段,切换至"开始"选项卡的"段落"组,单击"项目符号"下拉按钮,弹出"项目符号"下拉列表,在有限的几个符号中单击选中所需符号,如图 3-1-15 所示。如果没有,则应选择"定义新项目符号"选项,打开"定义新项目符号"对话框,如图 3-1-16 所示。

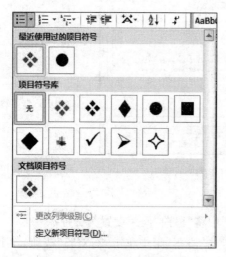

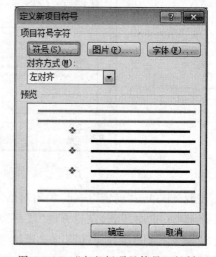

图 3-1-15　"项目符号"下拉列表　　　　　图 3-1-16　"定义新项目符号"对话框

步骤 4:在"定义新项目符号"对话框中单击"符号"按钮,打开"符号"对话框,如图 3-1-17 所示,从符号库中选择所需符号,单击"确定"按钮返回"定义新项目符号"对话框;如果要设置符号的颜色,则应在"定义新项目符号"对话框中单击"字体"按钮,打开"字体"对话框,然后进行符号颜色等的设置,如图 3-1-18 所示。

(5)设置艺术型页面边框。

步骤 1:光标定位于文档中的任何位置,在"页面布局"选项卡的"页面背景"组中单击

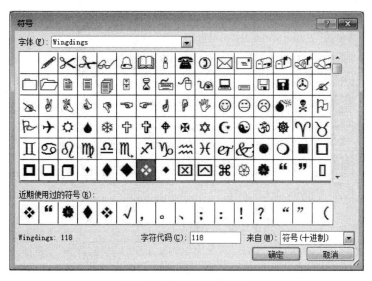

图 3-1-17 "符号"对话框

图 3-1-18 "字体"对话框

"页面边框"按钮,打开"边框和底纹"对话框。

步骤2:切换至"页面边框"选项卡,在"艺术型"下拉列表框中选择所需符号,在"应用于"下拉列表框中选择"整篇文档"选项,然后单击"确定"按钮,关闭对话框,如图 3-1-19 所示。

步骤3:全部操作完成后,以"简报.docx"为文件名保存于文件夹中。

图 3-1-19 设置艺术型页面边框

实验项目 3.1.3 制作来访者登记文档

任务描述

进入"实验指导素材库\实验 3\实验 3.1\"文件夹,打开"来访者登记文档_文字素材.docx"文档,按如下要求设置后,以"来访者登记文档.docx"为文件名保存在文件夹中。文档样例如图 3-1-20 所示,也可打开"来访者登记文档_样张.docx"文档查看。

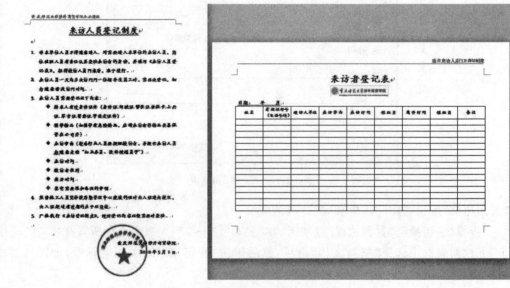

图 3-1-20 "来访者登记制度"样例

1．文档第1页设置要求

（1）标题：楷体、小一、加粗、居中；加红色双波浪下画线；距正文1行。

（2）正文和落款：华文楷体、四号、加粗；行距25磅；落款距正文2行；落款和日期右对齐。

（3）在"来访人员需要……"至"装修施工人员……"之间的7段文字添加项目符号"◆"。

（4）设置正文中的编号格式为"编号库"中的第1种。

（5）印章设置：绘制正圆，"形状填充"为无色，"形状轮廓"为红色，轮廓粗细3磅；艺术字样式为第3行第5列样式，华文楷体、四号；"文本效果"为转换→跟随路径→上弯弧。

2．文档第2页设置要求

（1）纸张横向。

（2）第1行输入标题文字"来访者登记表"，设置为楷体、一号、加粗，居中；第2行插入校徽和称谓图片，设置为上下型环绕，居中放置；第3行输入"日期：年　月"，字体为楷体、四号、加粗并添加下画线，设置为左对齐。

（3）第4行开始插入9列15行表格，列宽设置为2.78厘米，固定列宽；首行行高设置为1.2厘米，其他行行高设置为0.6厘米。首行依次输入列标题，并设置为楷体、小四号、加粗，对齐方式为"水平居中"。所有表格框线设置为1磅黑色单实线。

3．设置第1、第2页页眉

文档第1、第2页分别插入页眉"重庆师范大学涉外商贸学院办公用纸"和"建立来访人员门卫登记制度"，字体为华文楷体、小四号、加粗，前者左对齐，后者右对齐。

操作提示

打开"来访者登记文档_文字素材.docx"文档。

1）文档第1页设置要求

（1）标题设置。

步骤1：选中标题文字，在"开始"选项卡的"字体"组中分别单击"字体""字号"下拉按钮，设置为楷体、小一号，单击"加粗"按钮设置字体加粗；切换至"开始"选项卡的"段落"组中，单击"居中"按钮设置标题居中。

步骤2：确认标题文字被选中，切换至"开始"选项卡的"字体"组中，单击"字体"按钮，打开"字体"对话框，切换至"字体"选项卡，在"下画线线型"下拉列表框中选择双波浪下画线，在"下画线颜色"下拉列表框中选择红色。然后单击"确定"按钮关闭对话框，如图3-1-21所示。

步骤3：确认标题文字被选中，切换至"开始"选项卡的"段落"组中，单击"段落"按钮，打开"段落"对话框，切换至"缩进和间距"选项卡，在"间距"栏设置"段后"1行，单击"确定"按钮关闭对话框，如图3-1-22所示。

图 3-1-21　设置红色双波浪下画线

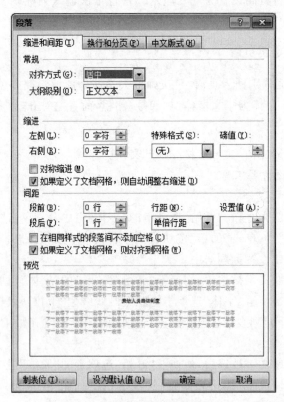

图 3-1-22　设置段后间距 1 行

（2）正文和落款设置。

步骤1：选中正文和落款，在"开始"选项卡的"字体"组中单击"字体""字号"下拉按钮，选择华文楷体、四号，单击"加粗"按钮设置字体加粗；切换至"段落"组中，单击"段落"按钮，打开"段落"对话框，切换至"缩进和间距"选项卡，单击"间距"栏的"行距"下拉按钮，选择"固定值"并将其右侧的"设置值"调整为25磅。

步骤2：选中落款，在打开的"段落"对话框中，切换至"缩进和间距"选项卡，在"间距"栏中将"段前"调整为2行。

步骤3：选中落款和日期，在"开始"选项卡的"段落"组中单击"右对齐"按钮，使其右对齐。

（3）添加项目符号"◆"。

步骤1：选中"来访人员需要……"至"装修施工人员……"之间的7段文字。

步骤2：切换至"开始"选项卡的"段落"组中，单击"项目符号"下拉按钮，从弹出的下拉列表项中单击项目符号"◆"选项即可，如图3-1-23所示。

（4）设置正文中的编号格式为"编号库"中的第1种。

步骤1：选中正文中编号为"1"的段落，即文档中第1段落，在"开始"选项卡的"段落"组中单击"编号"下拉按钮，从弹出的下拉列表中单击选中第1种编号格式，如图3-1-24所示。

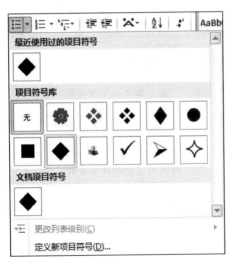

图3-1-23　插入项目符号　　　　　　图3-1-24　设置编号格式

步骤2：删除文档中第2段的编号，用格式刷将第1段的编号格式复制到第2段。用此方法依次复制其他段的编号格式。

（5）印章设置。

步骤1：在"插入"选项卡的"插图"组中单击"形状"下拉按钮，在弹出的下拉列表中的"基本形状"组单击"椭圆"按钮，如图3-1-25所示，此时鼠标指针变成＋号，按住Shift键在放置印章处拖移鼠标绘制出适当大小的正圆。

　　步骤2：选中正圆，单击"绘图工具→格式"选项卡，弹出"形状样式"等功能组，如图3-1-26所示。

图3-1-25　"形状"下拉列表

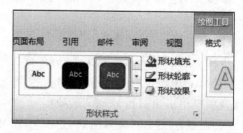

图3-1-26　"形状样式"功能组

　　步骤3：单击"形状填充"下拉按钮，在弹出的下拉列表中选择"无填充颜色"选项，如图3-1-27所示；单击"形状轮廓"下拉按钮，在弹出的下拉列表中选择标准色"红色"选项，轮廓"粗细"为3磅选项，如图3-1-28所示。

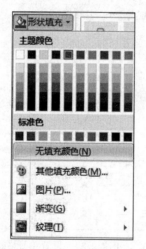

图3-1-27　"形状填充"下拉列表

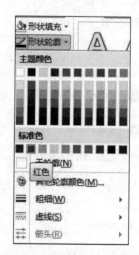

图3-1-28　"形状轮廓"下拉列表

　　步骤4：在"插入"选项卡的"文本"组中单击"艺术字"下拉按钮，在弹出的下拉列表中选择第3行第5列样式，如图3-1-29所示；切换至"开始"选项卡的"字体"组中，设置字体为华文楷体、四号，并在艺术字文本框中输入"重庆师范大学涉外商贸学院"；选中艺术字，单击"绘图工具—格式"选项卡，在弹出的"艺术字样式"功能组中单击"文本效果"下拉按钮，在弹出的下拉列表中选择"转换"→"跟随路径"中的"上弯弧"，如图3-1-30所示；然后调整艺术字适当大小和形状弯曲度并将其拖移至正圆中。

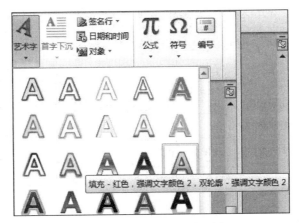

图 3-1-29 "艺术字"下拉列表

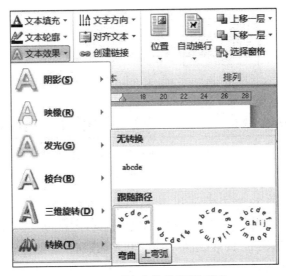

图 3-1-30 "文本效果"下拉列表

2）文档第 2 页设置要求

（1）纸张横向。

步骤 1：光标定位于第 1 页最后位置。切换至"页面布局"选项卡的"页面设置"组，单击"分隔符"下拉按钮，在弹出的下拉列表中选择"分页符"选项，如图 3-1-31 所示，则新起一页。

步骤 2：在"页面布局"选项卡的"页面设置"组中单击"页面设置"按钮，在打开的"页面设置"对话框中的"纸张方向"栏选择"横向"选项，在"应用于"下拉列表框中选择"插入点之后"选项，然后单击"确定"按钮，如图 3-1-32 所示。

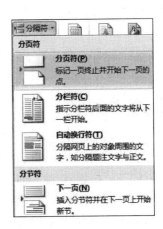

图 3-1-31 "分隔符"下拉列表

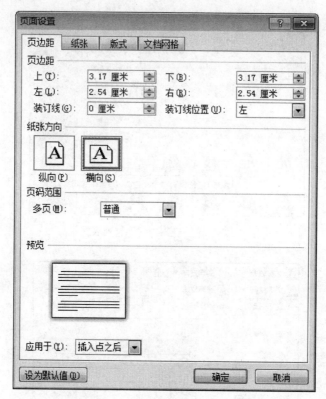

图 3-1-32　设置纸张方向为横向

（2）第 1 行～第 3 行的设置。

步骤 1：第 1 行输入标题文字"来访者登记表"；选中标题文字并切换至"开始"选项卡的"字体"组中，分别单击"字体""字号"下拉按钮，选择"楷体""一号"选项，单击"加粗"按钮设置字体加粗；切换至"段落"组中，单击"居中"按钮使标题行居中。

步骤 2：按 Enter 键，将光标定位于第 2 行，切换至"插入"选项卡的"插图"组中，单击"图片"按钮，打开"插入图片"对话框，按照存放路径选择"上篇—实验指导\实验指导素材库\实验 3\实验 3.1"文件夹，选择"校徽和称谓"图片，单击"插入"按钮插入所需图片，如图 3-1-33 所示；选中图片，单击"图片工具—格式"选项卡，在弹出的"排列"组中单击"自动换行"按钮，在弹出的下拉列表中选择"上下型环绕"，如图 3-1-34 所示。

步骤 3：将光标定位于第 3 行，输入文字"日期：年　　月"，并在"开始"选项卡的"字体"组中设置为楷体、四号，单击"下画线"按钮添加下画线；切换至"段落"组中单击"文本左对齐"按钮，使其左对齐。

（3）第 4 行开始插入 9 列、15 行表格及表格属性设置。

步骤 1：按 Enter 键，将光标定位于第 4 行行首；在"插入"选项卡的"表格"组中单击"表格"下拉按钮，在弹出的下拉列表中选择"插入表格"选项，如图 3-1-35 所示；在打开的"插入表格"对话框中将列数调整为 9，行数调整为 15，选中"固定列宽"单选按钮（此项为默认选项），单击"确定"按钮，如图 3-1-36 所示。

图 3-1-33　"插入图片"对话框

图 3-1-34　"自动换行"下拉列表

图 3-1-35　"表格"下拉列表

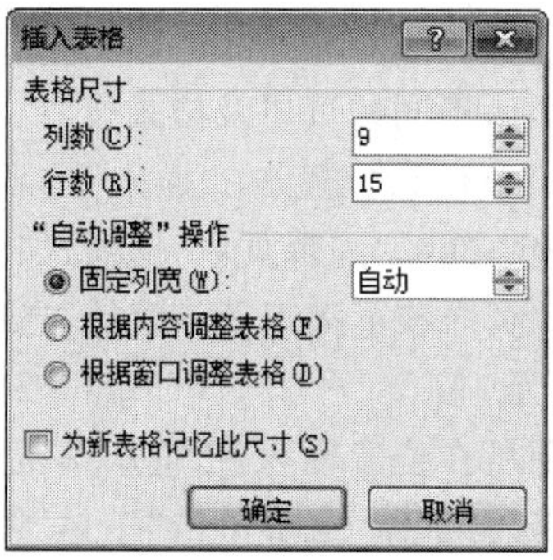

图 3-1-36　"插入表格"对话框

步骤 2：选中整个表格，单击"表格工具—布局"选项卡，在"表"组中单击"属性"按钮，在打开的"表格属性"对话框中单击"行"选项卡，在"行"的"尺寸"栏中勾选"指定高度"复选框，并将"行高值是"设为"固定值"，将"指定高度"值设置为 0.6 厘米，如图 3-1-37 所示；选中表的第 1 行，在"表格工具—布局"选项卡的"单元格大小"组中将"高度"调整为1.2 厘米；在表格第 1 行依次输入列标题，并在"开始"选项卡的"字体"组中设置为楷体、小四号和加粗；选中表格第 1 行全部单元格，单击"表格工具—布局"选项卡，在弹出的"对齐方式"组中单击"水平居中"按钮，如图 3-1-38 所示。

图 3-1-37 设置表格行高

图 3-1-38 设置单元格内容水平居中

3）文档第 1、第 2 页分别插入不同的页眉及格式设置

步骤 1：将光标定位于文档中任意位置，在"插入"选项卡的"页眉和页脚"组中单击"页眉"按钮，在弹出的下拉列表中选择"编辑页眉"选项，如图 3-1-39 所示；此时光标出现在第 1 页页眉编辑位置并弹出"页眉和页脚工具—设计"选项卡，在"选项"组中勾选"奇偶页不同"复选框，如图 3-1-40 所示。

步骤 2：在第 1 页光标当前所在位置输入："重庆师范大学涉外商贸学院办公用纸"并选中该文字，在"开始"选项卡的"字体"组中单击"字体""字号"下拉按钮并设置为华文

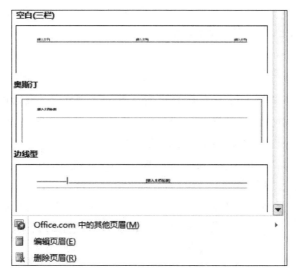

图 3-1-39　"页眉"下拉列表

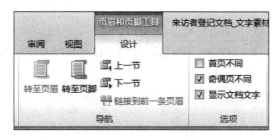

图 3-1-40　"选项"组

楷体、小四号，单击"加粗"按钮并设置为加粗；切换至"段落"组中，单击"文本左对齐"按钮。

步骤3：在"页眉和页脚工具—设计"选项卡的"导航"组中单击"下一节"按钮，光标跳至第2页的页眉编辑处，输入："建立来访人员门卫登记制度"并将该文字设置为华文楷体、小四号、加粗；切换至"段落"组中，单击"文本右对齐"按钮。

步骤4：全部操作完成后以文件名"来访者登记文档.docx"保存在文件夹中。

实验 3.2　表格制作与数据计算

【实验目的】

（1）熟练掌握表格的创建、编辑与格式设置。

（2）学会设置表格边框和底纹、折分和合并单元格。

（3）学会绘制斜线表头、设置表格属性。

（4）掌握表格中的数据计算与排序。

实验项目 3.2.1　制作请假条

任务描述

启动 Word 2010，在 A4 纸上绘制请假条。按如下要求设置后，以“请假条.docx”为文件名保存在文件夹中。请假条样例如图 3-2-1 所示，也可进入“实验指导素材库\实验 3\实验 3.2\”文件夹打开“请假条(样张).docx”文档查看。

(1) 首行的标题文字“请假条”设置为楷体、一号、加粗、居中。

(2) 第 2 行的文字“填写时间：年　月　日”设置为楷体、五号、加粗、文本右对齐。

(3) 表格第 3 行行高 1.3 厘米，文字为靠上两端对齐，其他行行高 0.9 厘米，文字为中部两端对齐；表格中的栏目名称及表格下方的备注文字格式均为楷体、五号、加粗。表格中的栏目内容文字格式均为楷体、五号、常规。

请 假 条

填写时间：　年　　月　　日

姓名		**部门**		**职务**	
1、请假类别：□事假□病假□婚假□丧假□公假□工伤□产假□护理假□其他					
2、请假事由：					
3、请假时间：自　　月　　日　　时至　　月　　日　　时共计　　天　　时					
请假人签字		**部门经理意见**		**总经理意见**	

备注：1. 请假时间在 1 天以内的，由部门经理审批即可；超过 1 天的，需由部门经理审批后再交总经理审批。
2. 请假条审批后交由总经理办公室备案，请假人返回后应及时销假。

图 3-2-1　“请假条”样例

操作提示

启动 Word 2010。

(1) 输入并设置标题文字。

步骤 1：输入标题文字“请假条”并选中该文字，在“开始”选项卡的“字体”组中分别单击“字体”“字号”下拉按钮将其设置为楷体、一号，单击“加粗”按钮设置为加粗。

步骤 2：切换至“段落”组中并单击“居中”按钮使其居中。

(2) 输入并设置第 2 行文字。

步骤 1：按 Enter 键，输入文字“请假时间：年　月　日”，并选中该文字，在“开始”选项卡的“字体”组中单击“字号”下拉按钮、设置为五号。

步骤 2：切换至“段落”组中并单击“文本右对齐”按钮使其右对齐。

(3) 制作表格、输入文字及表格、文字的编辑和格式设置。

步骤 1：按 Enter 键，切换至“开始”选项卡的“段落”组中并单击“文本左对齐”按钮，将光标调至第 3 行居左位置。

步骤2：在"插入"选项卡的"表格"组中单击"表格"按钮，在弹出的下拉列表中拖移鼠标建立6列、5行的规则表格，如图3-2-2和图3-2-3所示。

图 3-2-2　拖移法建立表格

请假条

<table>
<tr><td></td><td></td><td></td><td></td><td colspan="2">请假时间：　年　月　日</td></tr>
<tr><td></td><td></td><td></td><td></td><td></td><td></td></tr>
<tr><td></td><td></td><td></td><td></td><td></td><td></td></tr>
<tr><td></td><td></td><td></td><td></td><td></td><td></td></tr>
<tr><td></td><td></td><td></td><td></td><td></td><td></td></tr>
<tr><td></td><td></td><td></td><td></td><td></td><td></td></tr>
</table>

图 3-2-3　建立6列5行表格的效果图

步骤3：分别选中表格的第2、第3、第4行的全部单元格，在"表格工具—布局"选项卡的"合并"组中单击"合并单元格"按钮，使其分别合并为一个单元格，如图3-2-4和图3-2-5所示。

图 3-2-4　"合并单元格"按钮

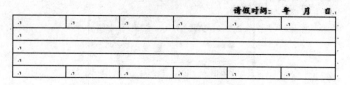

请假条

请假时间： 　年　月　日					

图 3-2-5　合并单元格后的效果图

步骤 4：选中整个表格，切换至"表格工具—布局"选项卡的"单元格大小"组中，单击"高度"微调按钮，将行高设置为 0.9 厘米，如图 3-2-6 所示；选中表格第 3 行，用同样的方法将其行高设置为 1.3 厘米。

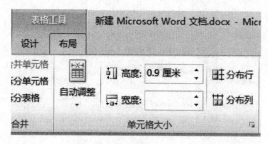

图 3-2-6　设置单元格行高

步骤 5：按请假条样例在表格中依次输入栏目名称和表格下方的备注文字，并将其设置为楷体、五号、加粗；栏目内容文字格式设置为楷体、五号、常规。

步骤 6：选中整个表格，切换至"表格工具—布局"选项卡的"对齐方式"组中，单击"中部两端对齐"按钮使文字在单元格中居中两端对齐；选中表格第 3 行，单击"靠上两端对齐"按钮使文字在单元格中靠上两端对齐，如图 3-2-7 和图 3-2-8 所示。

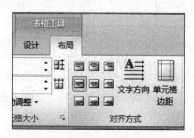 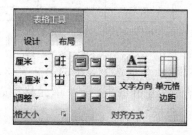

图 3-2-7　设置单元格中的文字中部两端对齐　　图 3-2-8　设置单元格中的文字靠上两端对齐

（4）文档保存。

确认全部操作完成后，单击"文件"选项卡，在弹出的下拉列表项中选择"另存为"选项，在打开的"另存为"对话框中选择要保存的文件夹，在"文件名"文本框中输入文件名"请假条"，在"保存类型"下拉列表框中选择"Word 文档（*.docx）"，最后单击"确定"按钮。

实验项目3.2.2 表格中的数据计算与排序

任务描述

进入"实验指导素材库\实验 3\实验 3.2\"文件夹,打开"A 班 1 组学生成绩统计_文字素材.docx"文档,将后 10 行文字转换成 7 列、10 行的表格,按如下要求设置后,以"A 班 1 组学生成绩统计.docx"为文件名保存在文件夹中。设计样例如图 3-2-9 所示,也可打开"A 班 1 组学生成绩统计(样张).docx"查看。

A 班 1 组学生成绩统计

学号	姓名	语文	数学	英语	物理	总成绩
2010014	韩 青	80	98	78	67	323
2010011	王兰兰	87	89	85	76	337
2010019	张 丽	79	85	88	80	332
2010012	张 雨	57	78	79	46	260
2010015	孙 爽	74	78	83	92	327
2010013	夏林虎	92	68	98	70	328
2010016	程雪兰	85	68	95	55	303
2010018	刘华清	91	68	90	85	334
2010017	王 瑞	95	52	87	87	321
平均分		82.22	76	87	73.11	318.33

图 3-2-9 设计样例

(1) 将标题段文字"A 班 1 组学生成绩统计"设置为华文楷体、三号、加粗和红色字体;居中显示。

(2) 将后 10 行文字转换成 7 列、10 行的表格;删除性别列;在表格右侧插入一列,输入列标题"总成绩";在表格下方插入一行,合并该行左侧的两个单元格并输入"平均分"。

(3) 将表格行高设置为 0.7 厘米,列宽为 2.2 厘米;表格中所有文字为楷体、小四号、加粗和水平居中。

(4) 计算每个学生的总成绩置于 G2:G10 单元格区域;计算单科和总成绩的平均分置于 C11:G11 单元格区域。

(5) 将成绩表中数学成绩由高分到低分排序,若数学成绩相同则按学号升序排序。

(6) 设置表格样式为"内置"中的第 2 行第 4 列样式。

(7) 将表格表头部分设置为重复标题行。

操作提示

打开"A 班 1 组学生成绩统计_文字素材.docx"文档。

(1) 设置标题文字。

步骤 1:选中标题段文字。

步骤 2:切换至"开始"选项卡的"字体"组中,将其设置为楷体、三号、加粗。切换至"段落"组中,单击"居中"按钮即可。

（2）文本转换成表格，进行删除、插入列、行的设置。

步骤 1：选中文档后 10 行文字，切换至"插入"选项卡的"表格"组中并单击"表格"下拉按钮，在弹出的下拉列表中选择"将文本转换成表格"选项，打开"将文本转换成表格"对话框，单击"确定"按钮即可，如图 3-2-10 和图 3-2-11 所示。

 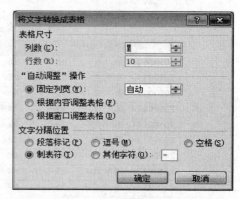

图 3-2-10　"表格"下拉列表　　　　　图 3-2-11　"将文本转换成表格"对话框

步骤 2：选中"性别"列，在"表格工具—布局"选项卡的"行和列"组中单击"删除"按钮，在弹出的下拉列表中选择"删除列"选项，如图 3-2-12 所示。

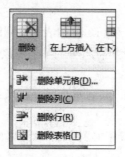

图 3-2-12　删除列

步骤 3：选中"物理"列，在"表格工具—布局"选项卡的"行和列"组中单击"在右侧插入"按钮，如图 3-2-13 所示。然后输入列标题"总成绩"。

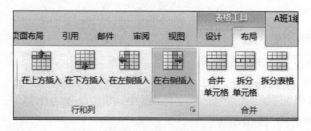

图 3-2-13　在右侧插入

步骤4：将光标定位于最后一行的右侧，按 Enter 键即插入一新行，选中该行左边两个单元格，在"表格工具—布局"选项卡的"合并"组中单击"合并单元格"按钮，如图 3-2-14 所示。在合并后的单元各中输入"平均分"。

图 3-2-14　合并单元格

（3）设置行高、列宽、字体及表格中的文字对齐方式。

步骤1：选中整个表格，在"表格工具—布局"选项卡的"表"组中单击"属性"按钮，打开"表格属性"对话框，切换至"行"选项卡，勾选"指定高度"复选框，将右侧的"行高值是"下拉列表项选择为"固定值"并将行高调整为 0.7 厘米；切换至"列"选项卡，将列宽调整为 2.2 厘米，如图 3-2-15 所示。

图 3-2-15　"表格属性"对话框

步骤2：选中整个表格，切换至"开始"选项卡的"字体"组中，将其设置为楷体、小四号、加粗。切换至"表格工具—布局"选项卡的"对齐方式"组中，单击"水平居中"按钮，如图 3-2-16 所示。

图 3-2-16　设置对齐方式

（4）计算总成绩和平均分。

步骤 1：选中 G10 单元格，在"表格工具—布局"选项卡的"数据"组中单击"公式"按钮，如图 3-2-17 所示。

步骤 2：在打开的"公式"对话框中的"粘贴函数"下拉列表框中选择所需函数，在"公式"文本框中输入公式，然后单击"确定"按钮，如图 3-2-18 所示。仿此方法计算出其他学生的总成绩。

图 3-2-17　"数据"组　　　　　　　　　　图 3-2-18　计算总成绩

步骤 3：选中 C11 单元格，在打开的"公式"对话框中的"粘贴函数"下拉列表框中选择 AVERAGE 函数，在"公式"文本框中输入公式"= AVERAGE(above)"，然后单击"确定"按钮，如图 3-2-19 所示。按此方法计算出其他科的单科平均分和总分的平均分。

（5）表格中的成绩排序。

步骤 1：选中表格第 2 行～第 10 行的全部数据，在"表格工具—布局"选项卡的"数据"组中单击"排序"按钮，如图 3-2-20 所示。

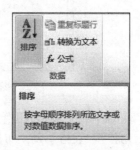

图 3-2-19　计算平均分　　　　　　　　　图 3-2-20　单击"排序"按钮

步骤 2：在打开的"排序"对话框中，"主要关键字"选择"列 4"，"次要关键字"选择"列 1"，"类型"均选择"数字"，前者选择"降序"单选按钮，后者则选择"升序"单选按钮，单击"确定"按钮，如图 3-2-21 所示。排序前后的效果如图 3-2-22 和图 3-2-23 所示。

（6）设置表格样式。

步骤 1：选中整个表格。

步骤 2：在"表格工具—设计"选项卡的"表格样式"组中单击"其他"按钮，在弹出的下拉列表中选择"内置"中的第 2 行第 4 列样式，如图 3-2-24 所示。

（7）设置重复标题行。

步骤 1：单击表格任意位置，激活表格的"布局"功能区。

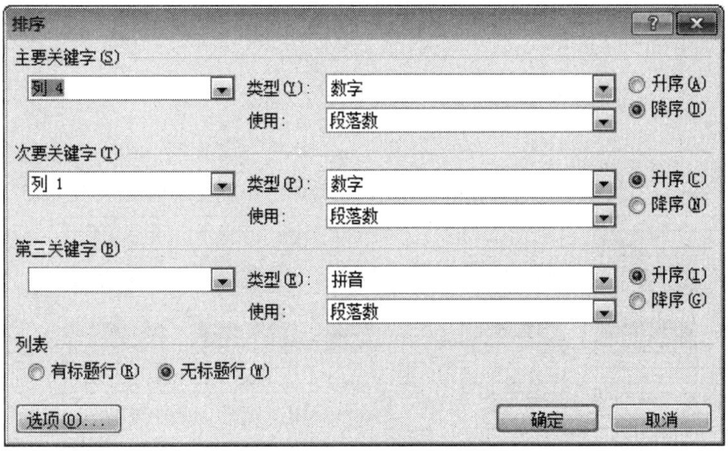

图 3-2-21　"排序"对话框

A班1组学生成绩统计

学号	姓名	语文	数学	英语	物理	总成绩
2010011	王兰兰	87	89	85	76	337
2010012	张　雨	57	78	79	46	260
2010013	夏林虎	92	68	98	70	328
2010014	韩　青	80	98	78	67	323
2010015	郑　奥	74	78	83	92	327
2010016	程雪兰	85	68	95	55	303
2010017	王　瑞	95	52	87	87	321
2010018	刘华清	91	68	90	85	334
2010019	张　丽	79	85	88	80	332
平均分		82.22	76	87	73.11	318.33

图 3-2-22　排序前的效果

A班1组学生成绩统计

学号	姓名	语文	数学	英语	物理	总成绩
2010014	韩　青	80	98	78	67	323
2010011	王兰兰	87	89	85	76	337
2010019	张　丽	79	85	88	80	332
2010012	张　雨	57	78	79	46	260
2010015	郑　奥	74	78	83	92	327
2010013	夏林虎	92	68	98	70	328
2010016	程雪兰	85	68	95	55	303
2010018	刘华清	91	68	90	85	334
2010017	王　瑞	95	52	87	87	321
平均分		82.22	76	87	73.11	318.33

图 3-2-23　排序后的效果

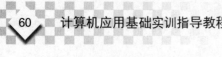
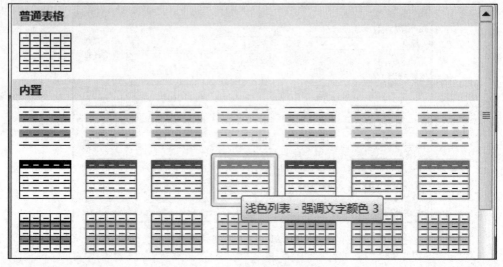

图 3-2-24　设置表格样式

步骤 2：将光标停留在表格的表头行位置处，单击"布局"功能区里面的"重复标题行"按钮，试着拖动或者增加表格的行数，使得表格跨页显示，查看效果，如图 3-2-25 所示。

图 3-2-25　设置表头重复显示

（8）保存文档。

步骤 1：单击"文件"选项卡，在弹出的下拉列表中选择"另存为"选项。

步骤 2：在弹出的"另存为"对话框中，以"A 班 1 组学生成绩统计. docx"为文件名保存在文件夹中。

实验项目 3.2.3　制作课表

任务描述

参照图 3-2-26 所示课表样例制作课表，也可进入"实验指导素材库\实验 3\实验 3.2\"文件夹打开"课表（样张）. docx"文档查看。以"课表. docx"为文件名保存于文件夹中。

操作提示

分析：图 3-2-26 所示课程表是一个不规则表格，可先建立一个 7×7 的规则表格，然后进行表格的编辑，单元格的合并和折分、表格格式化等一系列操作后变成一个课程表。

（1）新建一个 Word 文档，建立一个 7×7 的规则表格。

步骤 1：启动 Word 2010。

星期 时间		一	二		三	四	五
上午	1	高数	英语		高数（单）	体育	修养
	2						
	3	C 语言	计算机导论（双）		C 语言	英语	高数
	4						
午		休					
下午	5	C 语言实验	实习	班会	计算机导论	修养（双）	听力
	6						
	7				上机		
	8						

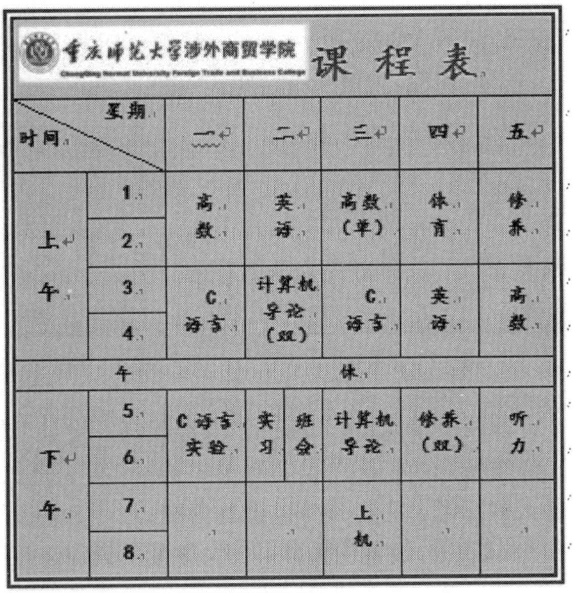

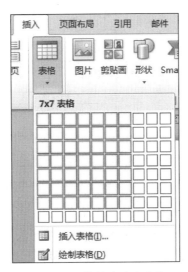

图 3-2-26　“课表”样例

步骤 2：将光标定位到需要添加的表格处，切换至“插入”选项卡。

步骤 3：单击“表格”组中的“表格”按钮，在弹出的下拉列表中，按下鼠标左键拖动，待行列数满足要求时释放鼠标左键，即在光标定位处插入了一个 7 行 7 列的空白表格，如图 3-2-27 所示。

图 3-2-27　拖拉法建立表格

(2) 表格的编辑和格式化。

步骤 1：选中整个表格，切换至“表格工具—布局”选项卡的“单元格大小”组中，将行高、列宽分别调整为 1.5 厘米、1.7 厘米，如图 3-2-28 所示。

步骤2：选中表格第1行7个单元格，切换至"表格工具—布局"选项卡的"合并"组中并单击"合并单元格"按钮，如图3-2-29所示。插入校徽和称谓图片，输入"课程表"，并设置字体为楷体、深红色、一号、加粗，调整字符间距。

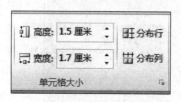

图 3-2-28　设置行高列宽

图 3-2-29　合并单元格

步骤3：合并第2行前两个单元格；切换至"表格工具—设计"选项卡的"表格样式"组中并单击"边框"下拉按钮，在弹出的下拉列表中选择"斜下框线"插入斜线表头，如图3-2-30所示，同时输入列标题：星期、时间，设置为楷体、小四、加粗；在该行后5个单元格分别输入：一、二、三、四、五，设置为楷体、四号、加粗；分别合并第3、第4两行、第6、第7两行第一列两个单元格，合并第5行7个单元格，并适当调整行高和列宽，同时输入"上午、下午、午休"文字，字体为楷体，加粗，"上午、下午"为四号字，"午休"为五号字，如图3-2-31所示。

图 3-2-30　插入斜线表头

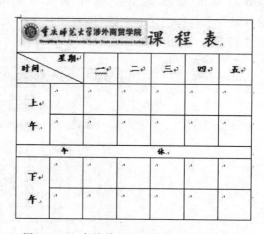

图 3-2-31　合并单元格和输入文字后的效果

步骤4：分别选中第3、第4、第6、第7行的第2列4个单元格，切换至"表格工具—布局"选项卡的"合并"组中，单击"拆分单元格"按钮，打开"拆分单元格"对话框，将"行数"微调框调整为1，"列数"微调框调整为2，单击"确定"按钮。将4个单元格拆分为8个单元格，如图3-2-32和图3-2-33所示，并分别输入"1、2、3、4、5、6、7、8"，对其他单元格按照课表样例输入相应文字，字体均设置为楷体、小四号、加粗。

步骤5：分别选中除斜线表头单元格外的其他单元格，切换至"表格工具—布局"选项卡的"对齐方式"组中，单击"水平对齐"按钮，如图3-2-34所示。

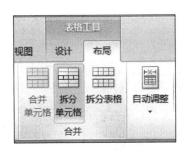

图 3-2-32　"合并"组

图 3-2-33　"拆分单元格"对话框

图 3-2-34　"对齐方式"组

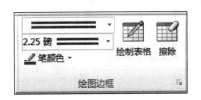

图 3-2-35　"绘图边框"组

步骤6：选中整个表格，切换至"表格工具—设计"选项卡的"绘图边框"组中，单击"笔样式"下拉按钮，在弹出的下拉列表中选择双实线，单击"笔画粗细"按钮，在弹出的下拉列表中选择"2.25磅"，"笔颜色"选择深红色，如图3-2-35所示；切换至"表格工具—设计"选项卡的"表格样式"组中，单击"边框"下拉按钮，在弹出的下拉列表中选择"外侧框线"选项，如图3-2-36和图3-2-37所示。仿此方法绘制1.5磅蓝色单实线的内框线。

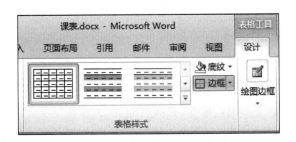

图 3-2-36　"表格样式"组

图 3-2-37　"边框"下拉列表

步骤7：选中整个表格，切换至"表格工具—设计"选项卡的"表格样式"组中，单击"底纹"下拉按钮，在弹出的下拉列表中选择"其他颜色"选项，打开"颜色"对话框，切换至"标准"选项卡，选择一种浅绿色，如图3-2-38和图3-2-39所示。

（3）文档的保存。

步骤1：单击"文件"选项卡，在弹出的下拉列表中选择"另存为"选项。

步骤2：在打开的"另存为"对话框中，以"课表.docx"为文件名保存于文件夹中。

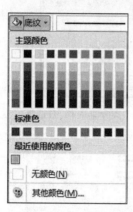

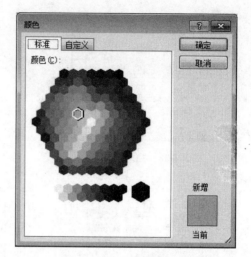

图 3-2-38 "底纹"下拉列表　　　　　　图 3-2-39 "颜色"对话框

实验 3.3　Word 文档的高级排版

【实验目的】

（1）掌握设置字符格式和段落格式、应用文档样式和主题、调整页面布局等排版操作。

（2）学会利用邮件合并功能批量制作和处理文档。

（3）掌握多窗口和多文档的编辑及文档视图的使用。

（4）学会分析图文素材，并根据需求提取相关信息引用到 Word 文档中。

实验项目 3.3.1　制作海报

任务描述

某高校为了使学生更好地进行职场定位和职业准备，提高就业能力，该校学工处将于 2013 年 4 月 29 日（星期五）19：30～21：30 在校国际会议中心举办题为"领慧讲堂——大学生人生规划"就业讲座，特别邀请资深媒体人、著名艺术评论家赵薵先生担任演讲嘉宾。

请根据上述活动的描述，参考图 3-3-1 所示海报样例，利用 Word 2010 制作一份宣传海报，也可打开"实验指导素材库\实验 3\实验 3.3"文件夹中的"海报_样张.docx"文件查看。制作海报所需素材均保存在实验 3.3 文件夹中。最后以"海报.docx"为文件名保存于自己的文件夹中。要求如下。

（1）进入实验 3.3 文件夹，打开"海报_文字素材.docx"文档；调整文档版面：页面高度为 35 厘米，页面宽度为 27 厘米，页边距：上、下各为 5 厘米，左、右各为 3 厘米，并将实验 3.3 文件夹下的"海报背景_图片.jpg"设置为海报背景。

图 3-3-1 "海报"样例

（2）标题的设置：字体、字号和颜色分别设置为"华文琥珀""初号"和"白色，背景 1"并居中显示，段后间距 2 行。

（3）正文和落款的设置：将"欢迎踊跃参加"设置为"华文行楷""初号"，"白色，背景 1"并居中显示，段前、段后间距为 1.5 行。其他文字为"宋体"、"二号"，字体颜色为"深蓝"和"白色，背景 1"；将"报告题目：……报告地点："5 段文字的"行距"设置为"单倍行距"，"首行缩进"为"3.5 字符"，将"主办：校学工处"设置为右对齐。

（4）在"主办：校学工处"位置后另起一页，并设置第 2 页的纸张大小为 A4，纸张方向为"横向"，页边距：上、下、左、右均为 2.5 厘米并选择"普通"页边距定义。

（5）第 2 页的标题文字设置为宋体、三号、加粗、红色字体，居中显示；"日程安排""报名流程"和"报名人介绍"文字为宋体、四号、加粗；"报名人介绍"下面的文字为宋体、小四号字。

（6）在"日程安排"段落下面，复制本次活动的日程安排表（请参考"活动日程安排.xlsx"文件），要求表格内容引用 Excel 文件中的内容，如果 Excel 文件中的内容发生变化，Word 文档中的日程安排信息随之发生变化。

（7）在"报名流程"段落下，利用 SmartArt 制作本次活动的报名流程（学工处报名、确认座席、领取资料、领取门票）。

（8）设置"报告人介绍"段落下面的文字排版布局为参考样例文件中所示的样式。

（9）更换报告人照片为实验 3.3 文件夹下的 Pic 2. jpg 照片，将该照片调整到适当位置，并不要遮挡文档中的文字内容。最后设置"柔化"为 50％，"亮度和对比度"为－20％、＋40％。

操作提示

进入实验 3.3 文件夹，打开"海报_文字素材.docx"文档。

（1）设置文档版面和背景。

步骤 1：在"页面布局"选项卡的"页面设置"组中单击"页面设置"按钮，在打开的"页面设置"对话框中的"页边距"选项卡下设置上、下为 5 厘米，左、右为 3 厘米；切换至"纸张"选项卡，纸张大小选择"自定义大小"，宽度为 27 厘米，高度为 35 厘米。然后单击"确定"按钮，如图 3-3-2 和图 3-3-3 所示。

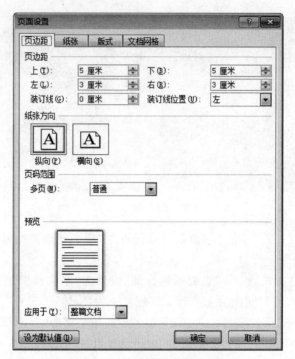

图 3-3-2 "页边距"选项卡

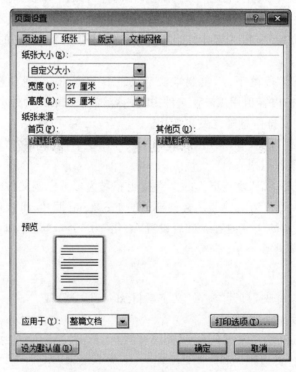

图 3-3-3 "纸张"选项卡

步骤2：在"页面布局"选项卡的"页面背景"组中单击"页面颜色"按钮，在弹出的下拉列表中选择"填充效果"选项，打开"填充效果"对话框，切换至"图片"选项卡，如图3-3-4和图3-3-5所示。

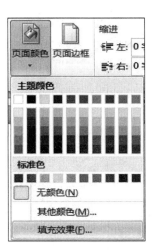

图 3-3-4　"页面颜色"下拉列表　　　　　图 3-3-5　"填充效果"对话框

步骤3：单击"选择图片"按钮，打开"选择图片"对话框，按图片存放路径选择所需图片后单击"插入"按钮返回"填充效果"对话框，再单击"确定"按钮，即可插入图片背景，如图3-3-6所示。

图 3-3-6　"选择图片"对话框

（2）标题的设置。

步骤 1：选中标题文字。切换至"开始"选项卡的"字体"组，单击"字体""字号"和"字体颜色"下拉按钮，将其分别设置为"华文琥珀""初号""红色"。

步骤 2：切换至"开始"选项卡的"段落"组，单击"段落设置"按钮，在打开的"段落设置"对话框中的"缩进和间距"选项卡下，将"对齐方式"设置为"居中"，将"间距"中的"段后"设置为 2 行，单击"确定"按钮，如图 3-3-7 所示。

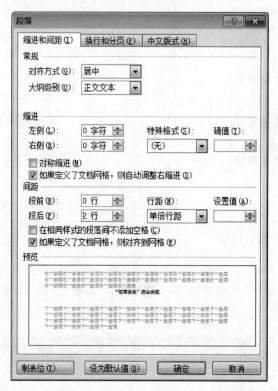

图 3-3-7　设置段后间距

（3）正文和落款的设置。

步骤 1：选中"欢迎踊跃参加"文字，在"开始"选项卡的"字体"组中单击"字体""字号"和"字体颜色"下拉按钮，将其分别设置为"华文行楷""初号""白色，背景 1"。

步骤 2：切换至"开始"选项卡的"段落"组，单击"段落设置"按钮，在打开的"段落设置"对话框中的"缩进和间距"选项卡下，将"对齐方式"设置为"居中"，将"间距"中的"段前""段后"均设置为 1.5 行，单击"确定"按钮，如图 3-3-8 所示。

步骤 3：选中正文和落款的其余文字，切换至"开始"选项卡的"字体"组，将字体设置为"宋体""二号"，字体颜色为"深蓝"和"白色，背景 1"，如样例所示；选中"报告题目：……报告地点："5 段文字，切换至"开始"选项卡的"段落"组，单击"段落设置"按钮，在打开的"段落设置"对话框中的"缩进和间距"选项卡下将"行距"设置为"单倍行距"，"首行缩进"为 3.5 字符，如图 3-3-9 所示。

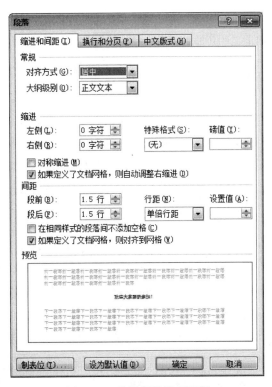

图 3-3-8　设置段前段后间距

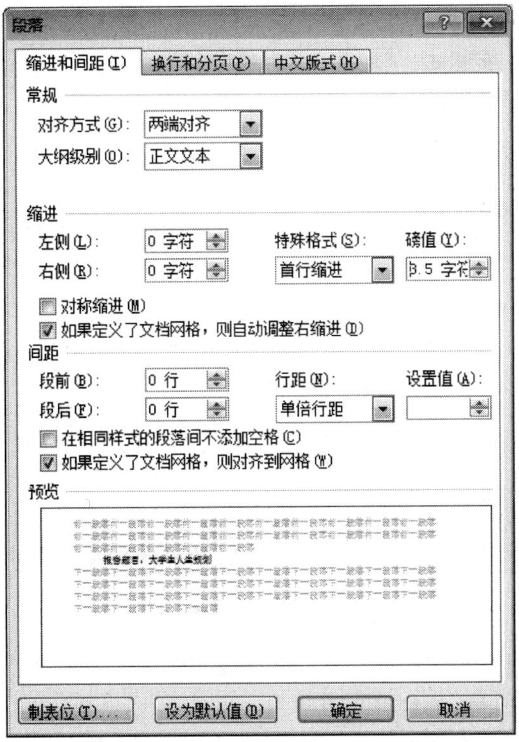

图 3-3-9　设置段落的缩进

步骤 4：选中落款文字，切换至"开始"选项卡的"段落"组，单击"文本右对齐"按钮。

（4）在"主办：校学工处"位置后另起一页，并设置第 2 页的版面。

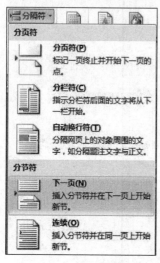

图 3-3-10　分页

步骤 1：将光标定位于"校学工处"文字之后，在"页面布局"选项卡的"页面设置"组中单击"分隔符"按钮，在弹出的下拉列表中选择"分节符"的"下一页"选项即新起一页，如图 3-3-10 所示。

步骤 2：选中第 2 页，在"页面布局"选项卡的"页面设置"组中单击"页面设置"按钮，打开"页面设置"对话框，在"页边距"选项卡中将上、下、左、右均设置为 2.5 厘米，"纸张方向"设置为横向，"普通"页边距定义，在"应用于"下拉列表框中选择"本节"选项；切换至"纸张"选项卡，"纸张大小"选择 A4，单击"确定"按钮，如图 3-3-11 所示。

（5）第 2 页的文字格式设置。

步骤 1：选中标题文字，在"开始"选项卡的"字体"组中将其设置为宋体、三号、加粗、红色字体；切换至"开始"选项卡的"段落"组，单击"居中"按钮。

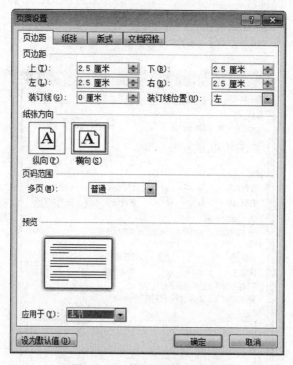

图 3-3-11　第 2 页的版面设置

步骤 2：选中"日程安排""报名流程"和"报名人介绍"文字，在"开始"选项卡的"字体"组中将其设置为宋体、四号、加粗。

步骤 3：选中"报名人介绍"下面的文字，在"开始"选项卡的"字体"组中将其设置为宋体、小四号字。

(6) 在“日程安排”段落下面，复制本次活动的日程安排表。

步骤 1：打开文档“活动日程安排.xlsx”，选中表格中除标题行以外的所有数据并单击“复制”按钮，如图 3-3-12 所示。

“领慧讲堂” 就业讲座之大学生人生规划 日程安排

时间	主题	报告人
18:30 - 19:00	签到	
19:00 - 19:20	大学生职场定位和职业准备	王老师
19:20 - 21:10	大学生人生规划	特约专家
21:10 - 21:30	现场提问	王老师

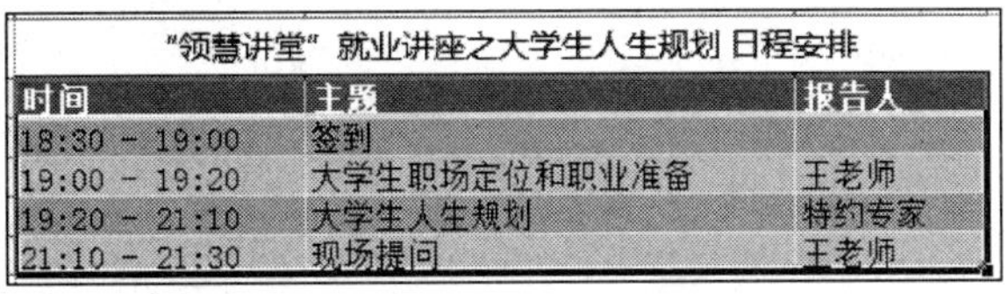

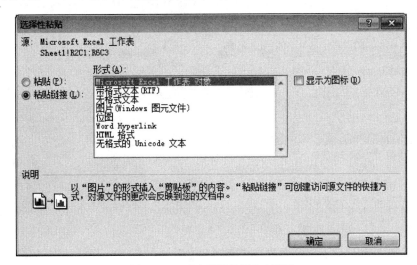

图 3-3-12 复制 Excel 工作表中的数据

步骤 2：切换到当前文档，将光标定位于“日程安排”段落下面；在“开始”选项卡的“剪贴板”组中单击“粘贴”的下拉按钮，从其下拉列表中选择“选择性粘贴”命令，打开“选择性粘贴”对话框，选中“粘贴链接”单选钮，在“形式”下拉列表框中选择“Microsoft Excel 工作表对象”，单击“确定”按钮，如图 3-3-13 所示。若更改“活动日程安排.xlsx”文档中单元格的内容，则 Word 文档中的信息也同步更新。

图 3-3-13 “选择性粘贴”对话框

(7) 制作报名流程。

步骤 1：将光标置于“报名流程”字样后，在“插入”选项卡的“插图”组中单击 SmartArt 按钮，打开“选择 SmartArt 图形”对话框，选择“流程”中的“基本流程”，如图 3-3-14 所示。

步骤 2：单击“确定”按钮，然后得到报名流程中的 3 个圆角矩形，选中任意一个矩形，单击“SmartArt 工具—设计”选项卡，在“创建图形”组中单击“添加形状”按钮，在弹出的下拉列表中选择“在后面添加形状”选项，设置完成后，即可得到与参考样式相匹配的图形，如图 3-3-15 所示。

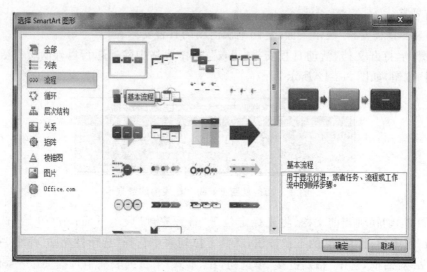

图 3-3-14   选择"基本流程"

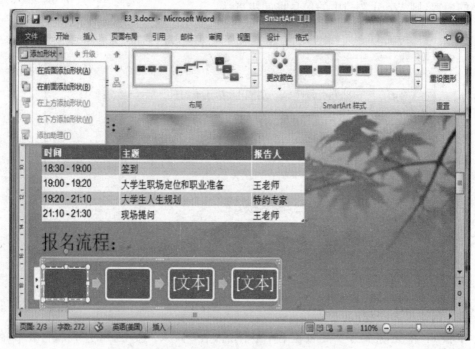

图 3-3-15   设置与参考样式相匹配的图形

步骤 3：在流程图的文本框中输入相应的流程名称，设置字号为 14 磅，如图 3-3-16 所示。

步骤 4：选中"学工处报名"所处的文本框，单击"SmartSrt 工具—格式"选项卡，在弹出的"形状样式"组中单击"形状填充"下拉按钮，在弹出的下拉列表中选择"标准色"中的"红色"选项，如图 3-3-17 所示。按照同样的方法依次设置后三个文本框的填充颜色为"浅绿""紫色""浅蓝"，效果如图 3-3-18 所示。

图 3-3-16　输入流程名称后的流程图

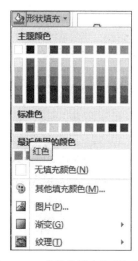

图 3-3-17　"形状填充"下拉列表

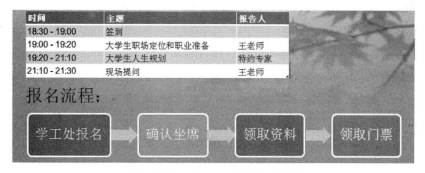

图 3-3-18　设置形状填充后的效果

（8）设置"报告人介绍"段落下面的文字排版布局。

步骤1：将光标定位于"报告人介绍"下面的段落中，在"插入"选项卡的"文本"组中单击"首字下沉"按钮，在弹出的下拉列表中选择"首字下沉选项"命令，打开"首字下沉"对话框，在"位置"栏选择"下沉"选项，在"选项"栏设置"字体"为楷体，"下沉行数"为3行，"距正文"为0.4厘米，然后单击"确定"按钮，如图3-3-19和图3-3-20所示。

图 3-3-19　"首字下沉"列表　　　　　　图 3-3-20　"首字下沉"对话框

步骤 2：选中"报告人介绍"下面的文字，在"开始"选项卡"字体"组中将其设置为"白色，背景 1"。

（9）更换报告人照片为实验 3.3 文件夹下的 Pic 2.jpg，并设置照片格式。

步骤 1：选中照片，在"图片工具—格式"选项卡的"调整"组中单击"更改图片"按钮，在打开的"插入图片"对话框中选择所需图片，单击"插入"按钮，如图 3-3-21 所示。

图 3-3-21　插入照片

步骤 2：选中插入的照片，切换至"图片工具—格式"选项卡的"排列"组中，单击"旋转"按钮，在弹出的下拉列表中选择"水平翻转"选项，如图 3-3-22 所示。

步骤 3：选中照片，在"图片工具—格式"选项卡的"调整"组中单击"更正"按钮，在弹出的下拉列表中选择"柔化"为 50％，"亮度和对比度"为 −20％、+40％，如图 3-3-23 所示。

图 3-3-22　将照片水平翻转

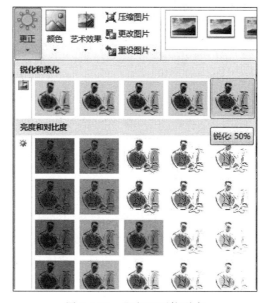

图 3-3-23　"更正"下拉列表

步骤 4：全部操作完成后，以"海报.docx"为文件名保存于文件夹中。

实验项目 3.3.2　制作邀请函

任务描述

为召开云计算技术交流大会，小王需制作一批邀请函，需要邀请的人员名单见"人员名单.xlsx"，大会定于 2013 年 10 月 19 日～20 日在武汉举行。

请根据上述活动的描述，参考图 3-3-24 所示邀请函样例，利用 Word 2010 制作一批邀请函，也可打开"实验指导素材库\实验 3\实验 3.3"文件夹下的"邀请函_样张.docx"文件查看。制作邀请函所需素材均保存在实验 3.3 文件夹中。邀请函制作完毕后以"邀请函.docx"为文件名保存于文件夹中。要求如下。

（1）打开"邀请函_文字素材.docx"文档，设置页面：高度、宽度均为 27 厘米；页边距：上、下、左、右均为 3 厘米。

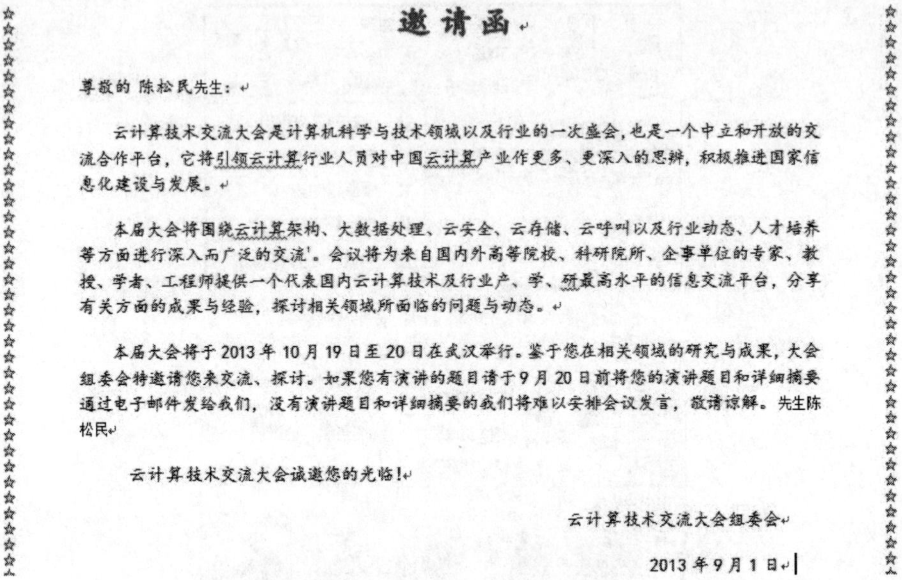

邀请函

尊敬的 陈松民先生：

云计算技术交流大会是计算机科学与技术领域以及行业的一次盛会，也是一个中立和开放的交流合作平台，它将引领云计算行业人员对中国云计算产业作更多、更深入的思辨，积极推进国家信息化建设与发展。

本届大会将围绕云计算架构、大数据处理、云安全、云存储、云呼叫以及行业动态、人才培养等方面进行深入而广泛的交流[1]。会议将为来自国内外高等院校、科研院所、企事单位的专家、教授、学者、工程师提供一个代表国内云计算技术及行业产、学、研最高水平的信息交流平台，分享有关方面的成果与经验，探讨相关领域所面临的问题与动态。

本届大会将于2013年10月19日至20日在武汉举行。鉴于您在相关领域的研究与成果，大会组委会特邀请您来交流、探讨。如果您有演讲的题目请于9月20日前将您的演讲题目和详细摘要通过电子邮件发给我们，没有演讲题目和详细摘要的我们将难以安排会议发言，敬请谅解。先生陈松民

云计算技术交流大会诚邀您的光临！

云计算技术交流大会组委会

2013年9月1日

图 3-3-24 “邀请函”样例

(2) 设置标题文字的字体为华文楷体、一号、加粗，字符间距加宽 3 磅，字体颜色为红色，加紫色轮廓并居中显示，段后间距 1 行。

(3) 设置正文、落款和日期的字体为楷体、四号，首行缩进 2 字符(“尊敬的”文字段落除外)，行距 20 磅，段后间距 1 行。落款和日期位置为右对齐且右侧缩进 3 字符。

(4) 将文档中“XXX 大会”替换为“云计算技术交流大会”。

(5) 将电子表格“人员名单.xlsx”中的姓名信息自动填写到“邀请函”中“尊敬的”三字后面，并根据性别信息，在姓名后添加“先生”(性别为男)、“女士”(性别为女)。

(6) 设置页面边框为黄色的“★”。

(7) 在正文第 2 段的第一句话“……进行深入而广泛的交流”后插入脚注“参见 http://www.cloudcomputing.cn 网站”。

操作提示

进入实验 3.3 文件夹中打开“邀请函_文字素材.docx”文档。

(1) 设置页面。

步骤 1：在“页面布局”选项卡的“页面设置”组中单击“页面设置”按钮，在打开的“页面设置”对话框中将页边距的上、下、左、右均设置为 3 厘米，如图 3-3-25 所示。

(2) 切换至“纸张”选项卡，在“宽度”和“高度”文本框中均输入“27 厘米”，然后单击“确定”按钮，如图 3-3-26 所示。

(3) 设置标题文字。

步骤 1：选中标题，在“开始”选项卡的“字体”组中单击“字体”“字号”“字体颜色”下拉按钮，将其分别设置为华文楷体、一号、红色；单击“加粗”按钮，设置为加粗。

步骤 2：选中标题，单击“字体”按钮，打开“字体”对话框，切换至“高级”选项卡，在“间

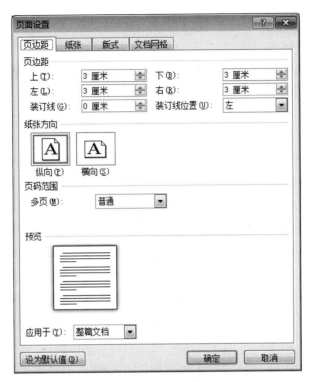

图 3-3-25　设置页面边距

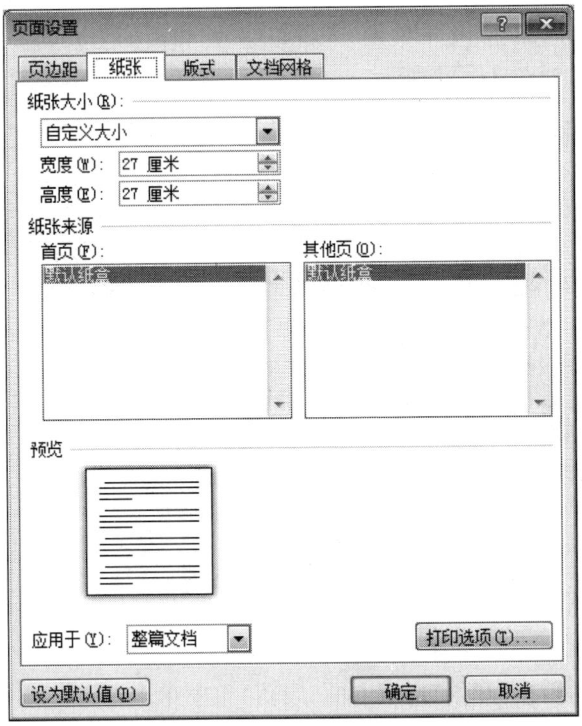

图 3-3-26　设置纸张

距"下拉列表框中选择"加宽"选项,将右侧的"磅值"调整为 3 磅,单击"确定"按钮,如图 3-3-27 所示。

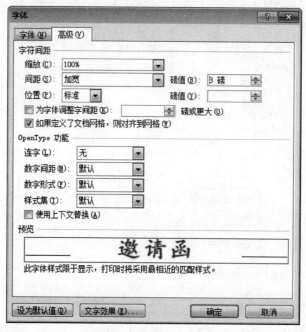

图 3-3-27　加宽字符间距

步骤 3:选中标题,单击"文本效果"下拉按钮,在弹出的下拉列表中选择"轮廓"→"主题颜色"中的"紫色",如图 3-3-28 所示。

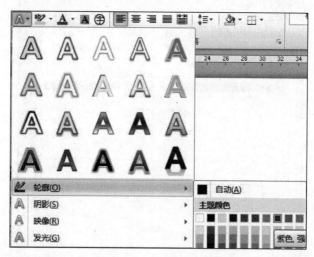

图 3-3-28　设置字符轮廓

步骤 4:选中标题,在"开始"选项卡的"段落"组中单击"段落"按钮,打开"段落"对话框,在"缩进和间距"选项卡下的"常规"栏中,将"对齐方式"下拉列表框中的列表项设置为"居中",将"间距"栏中的段后调整为"1 行",然后单击"确定"按钮。

（4）设置正文、落款和日期的字体为楷体、四号，首行缩进2字符（"尊敬的"文字段落除外），行距20磅，段后间距1行。落款和日期位置为右对齐且右侧缩进3字符。

步骤1：选中正文、落款和日期，在"开始"选项卡的"字体"组中单击"字体""字号"下拉按钮，选择"楷体""四号"。

步骤2：切换至"开始"选项卡的"段落"组中，单击"段落"按钮，在打开的"段落"对话框中的"缩进和间距"选项卡下，在"缩进"栏中，选择"特殊格式"下拉列表框中的列表项为"首行缩进"，将右侧的"磅值"调整为2字符；在"间距"栏，将"段后"调整为1行，将"行距"下拉列表框中的列表项选择为"固定值"，将其右侧的"设置值"调整为20磅，单击"确定"按钮，如图3-3-29所示。然后将光标定位于"尊敬的"文字前，按Backspace键取消该行的首行缩进。

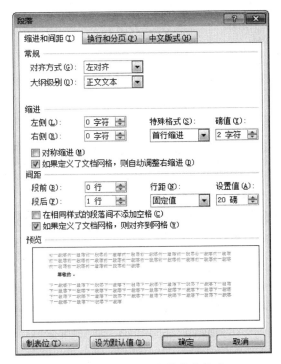

图3-3-29　设置正文的段落格式

步骤3：选中落款和日期，切换至"开始"选项卡的"段落"组中，单击"段落"按钮，在打开的"段落"对话框中的"缩进和间距"选项卡下，将"常规"栏中的"对齐方式"选择为"右对齐"，在"缩进"栏中，将"右侧"调整为3字符，单击"确定"按钮，如图3-3-30所示。

（5）将文档中"XXX大会"替换为"云计算技术交流大会"。

步骤1：选中首段文字前面的"XXX"，单击"开始"选项卡"编辑"组中的"替换"按钮，打开"查找和替换"对话框，在"替换为"文本框中输入"云计算技术交流"，如图3-3-31所示。

步骤2：单击"全部替换"按钮，弹出Microsoft Word对话框，单击"否"按钮完成替换，然后再单击"关闭"按钮关闭"查找和替换"对话框，如图3-3-32所示。

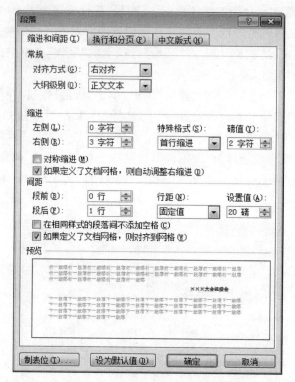

图 3-3-30 设置落款和日期的段落格式

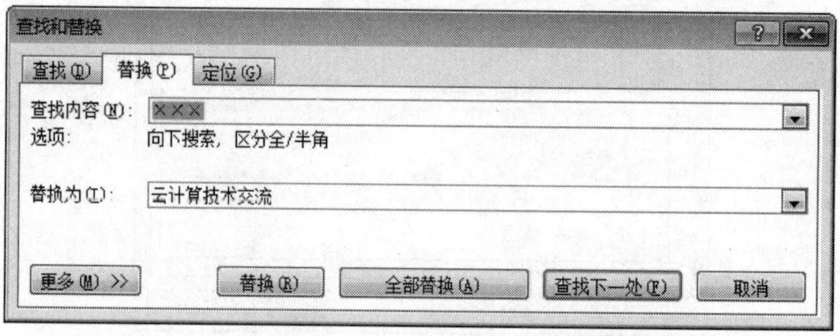

图 3-3-31 "查找和替换"对话框

图 3-3-32 Microsoft Word 对话框

（6）在"尊敬的"三字后填写电子表格"人员名单.xlsx"中的姓名信息和称谓。

步骤 1：将光标置于文中"尊敬的"之后，在"邮件"选项卡的"开始邮件合并"组中单击"开始邮件合并"下拉按钮，在弹出的下拉列表中选择"邮件合并分步向导"选项，如图 3-3-33 所示。

步骤2：打开"邮件合并"任务窗格，进入"邮件合并分步向导"的第1步，在"选择文档类型"中选择一个希望创建的输出文档的类型，此处选择"信函"单选按钮，如图3-3-34所示。

图3-3-33 "开始邮件合并"下拉列表　　　　　图3-3-34 第1步

步骤3：单击"下一步：正在启动文档"超链接，进入"邮件合并分步向导"的第2步，在"选择开始文档"选项区域中选中"使用当前文档"单选按钮，以当前文档作为邮件合并的主文档，如图3-3-35所示。

步骤4：接着单击"下一步：选取收件人"超链接，进入第3步，在"选择收件人"选项区域中选中"使用现有列表"单选按钮，如图3-3-36所示。

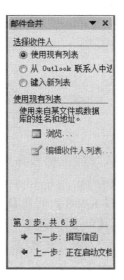

图3-3-35 第2步　　　　　　　　　　图3-3-36 第3步

步骤 5：然后单击"浏览"超链接，打开"选取数据源"对话框，选择"人员名单.xlsx"文件后单击"打开"按钮，如图 3-3-37 所示。此时打开"选择表格"对话框，如图 3-3-38 所示，选择默认选项后单击"确定"按钮。

图 3-3-37　"选取数据源"对话框

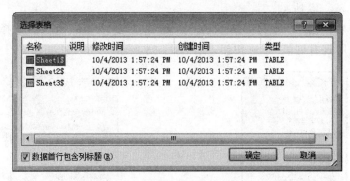

图 3-3-38　"选择表格"对话框

步骤 6：进入"邮件合并收件人"对话框，如图 3-3-39 所示。单击"确定"按钮完成现有工作表的链接工作。

步骤 7：选择了收件人的列表之后，单击"下一步：撰写信函"超链接，进入第 4 步。在"撰写信函"区域中选择"其他项目"超链接，如图 3-3-40 所示。

步骤 8：打开"插入合并域"对话框，在"域"列表框中按照题意选择"姓名"域，单击"插入"按钮，如图 3-3-41 所示。插入完所需的域后单击"关闭"按钮，关闭"插入合并域"对话框。文档中的相应位置就会出现已插入的域标记，如图 3-3-42 所示。

图 3-3-39 "邮件合并收件人"对话框

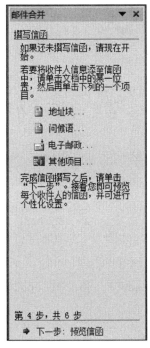

图 3-3-40 第 4 步

图 3-3-41 "插入合并域"对话框

步骤9：在"邮件"选项卡的"编写和插入域"组中单击"规则"下拉按钮,在弹出的下拉列表中选择"如果……那么……否则……"选项,打开"插入 Word 域:IF"对话框。在"域名"下拉列表框中选择"性别"选项,在"比较条件"下拉列表框中选择"等于"选项,在"比较

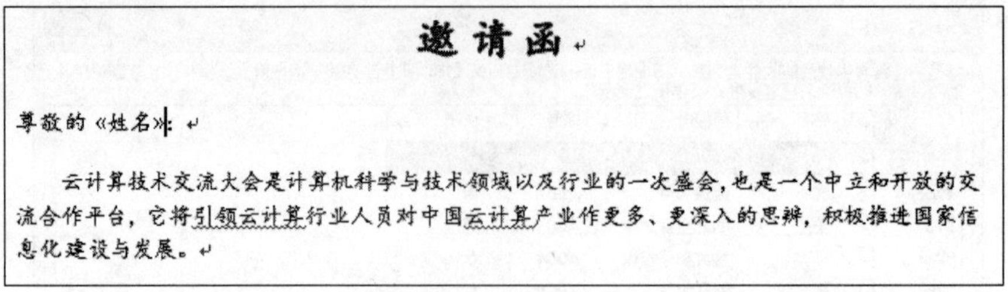

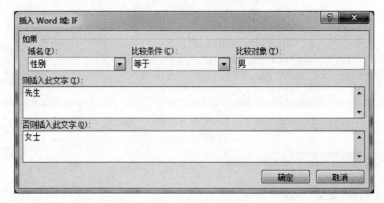

图 3-3-42　在主文档中插入合并域"姓名"后的效果图

对象"文本框中输入"男",在"则插入此文字"文本框中输入"先生",在"否则插入此文字"
文本框中输入"女士",设置完成后单击"确定"按钮,如图 3-3-43 所示。

图 3-3-43　"插入 Word 域：IF"对话框

步骤 10：在"邮件合并"任务窗格中,单击"下一步：预览信函"超链接进入第 5 步,如
图 3-3-44 所示。在"预览信函"选项区域中,单击"<<"或">>"按钮,可查看具有不同邀请
人的姓名和称谓的信函,如图 3-3-45 所示。

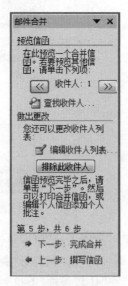

图 3-3-44　第 5 步

邀请函

尊敬的 孙英女士：

云计算技术交流大会是计算机科学与技术领域以及行业的一次盛会，也是一个中立和开放的交流合作平台，它将引领云计算行业人员对中国云计算产业作更多、更深入的思辨，积极推进国家信息化建设与发展。

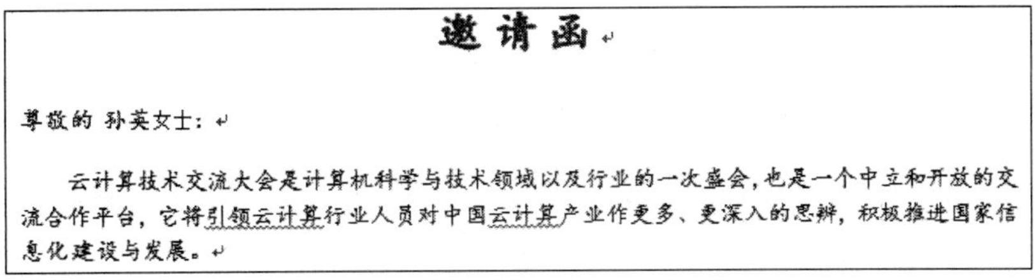

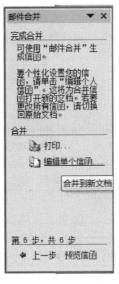

图 3-3-45 具有不同邀请人的姓名和称谓的信函

步骤 11：预览并处理输出文档后，单击“下一步：完成合并”超链接，进入“邮件合并分步向导”的最后一步。此处选择“编辑单个信函”超链接，如图 3-3-46 所示。

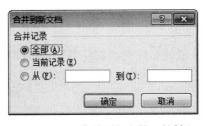

图 3-3-46 第 6 步

步骤 12：打开“合并到新文档”对话框，在“合并记录”选项区域中，选中“全部”单选按钮，如图 3-3-47 所示。

图 3-3-47 “合并到新文档”对话框

步骤 13：最后单击“确定”按钮，Word 就会将存储的收件人的信息自动添加到邀请函的正文中，并合并生成一个包含有 6 个人邀请函的新文档。

(7) 设置页面边框为黄色的“★”。

步骤 1：在“页面布局”选项卡的“页面背景”组中单击“页面边框”按钮，打开“边框和底纹"对话框。

步骤 2：切换至"页面边框"选项卡，在"艺术型"下拉列表框中选择黄色"★"，在"应用于"下拉列表框中选择"整篇文档"选项，然后单击"确定"按钮，如图 3-3-48 所示。

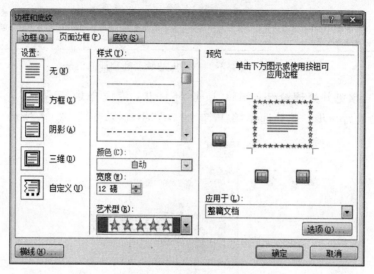

图 3-3-48　"边框和底纹"对话框

（8）在正文第 2 段的第一句话"……进行深入而广泛的交流"后插入脚注"参见 http://www.cloudcomputing.cn 网站"。

图 3-3-49　"脚注"组

步骤 1：选中正文第 2 段的第一句话"……进行深入而广泛的交流"文字，切换至"引用"选项卡的"脚注"组中，单击"插入脚注"按钮，如图 3-3-49 所示。

步骤 2：在选中文字的后面添加了一个标注符号"1"，光标调至该页底端，在光标所在处输入"参见 http://www. cloudcomputing.cn 网站"。按此方法为每个邀请函添加脚注。

（9）保存文档。

步骤 1：单击"文件"选项卡，在弹出的下拉列表中选择"另存为"选项，打开"另存为"对话框。

步骤 2：保存位置选择自己的文件夹，"文件名"文本框输入文件名"邀请函"，"保存类型"选择"Word 文档（＊.docx）"，然后单击"确定"按钮。

实验 3.4　图文混排

【实验目的】

（1）熟练掌握插入图片及设置对象格式。

（2）熟练掌握艺术字的使用。

（3）熟练掌握文本框的使用。

（4）熟练掌握图文混排和绘制简单图形的操作。

实验项目3.4.1　赠送给老师的节日贺卡

任务描述

为表达对教师的尊敬，在教师节之际，物联网工程专业学生小王为教师设计一张节日贺卡。参考图 3-4-1 所示教师节节日贺卡样例，利用 Word 2010 制作一张赠送给老师的节日贺卡，也可打开"实验指导素材库\实验 3\实验 3.4"文件夹下的"贺卡_样张.docx"文件查看。制作贺卡所需素材均保存在实验 3.4 文件夹中。贺卡制作完毕后以"教师节节日贺卡.docx"为文件名保存于自己的文件夹中。要求如下。

图 3-4-1　"教师节节日贺卡"样例

（1）进入实验 3.4 文件夹，打开"贺卡_文字素材.docx"文档。页面设置：纸张大小16 开，页边距为上、下 2.54 厘米，左、右 1.91 厘米。

（2）将实验 3.4 文件夹下的图片"贺卡背景_图片.jpg"插入到文档居中位置。调整图片位置显示在页面正中间并设置为"衬于文字下方"。图片设置为双框架、黑色，边框线条粗细为"12 磅"。

（3）使用图片的裁剪功能，将插入的背景图片中多余部分进行适当裁剪，保证各个方向的留白均有相同的尺寸。

（4）将"老师您辛苦了！"设置为艺术字。艺术字样式设置为"填充—红色，强调文字颜色2，粗糙棱台"，文字效果为"发光：橙色，8pt发光，强调文字颜色6"，陀螺形旋转，置于图片右下方。

（5）用文本框输入祝词文本，行距为1.5倍。称谓及正文文字样式设置为"小四、楷体、加粗"，正文文本设置为"首行缩进：2字符"，并添加下画线。署名与日期设置为"小四、黑体、加粗"，右对齐。将文本框置于图片中部合适位置。

操作提示

进入实验3.4文件夹，打开"贺卡_文字素材.docx"文档。

（1）纸张、页边距设置。

步骤1：在"页面布局"选项卡的"页面设置"组中单击"页面设置"按钮，打开"页面设置"对话框，将"页边距"的上、下设置为2.54厘米，左、右设置为1.91厘米，如图3-4-2所示。

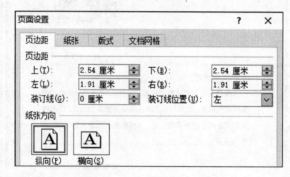

图 3-4-2 "页边距"选项卡

步骤2：切换至"纸张"选项卡，在"纸张大小"下拉列表框中选择16开，如图3-4-3所示。

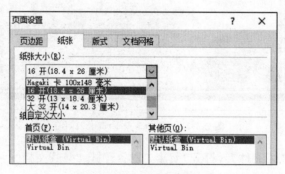

图 3-4-3 "纸张"选项卡

步骤3：单击"确定"按钮，关闭对话框。

（2）设置图片。

步骤1：插入图片，在"插入"选项卡的"插图"组中单击"图片"按钮，打开"插入图片"

对话框,按图片存放路径选择所需图片后单击"插入"按钮即可插入图片,如图 3-4-4
所示。

图 3-4-4　"插入图像"对话框

步骤 2:选中图片。切换至"图片工具—格式"选项卡,在"排列"组"位置"设置为"中
间居中,四周型文字环绕",如图 3-4-5 所示。"自动换行"设置为"衬于文字下方",如
图 3-4-6 所示。

图 3-4-5　"位置"下拉列表

图 3-4-6　"自动换行"下拉列表

步骤 3：选中图片。切换至"图片工具—格式"选项卡，在"图片样式"组中选择"双框架、黑色"，图片边框中粗细选择"其他线条"，打开"设置图片格式"对话框，如图 3-4-7 所示，在"宽度"文本框中输入"12 磅"。

图 3-4-7　"设置图片格式"对话框

（3）进行图片裁剪。

步骤 1：单击插入的图片任意位置处，激活"格式"功能区，进入功能区后单击"大小"组中的"裁剪"按钮，如图 3-4-8 所示。

图 3-4-8　"裁剪"图片按钮

步骤 2：当待编辑图片四周出现相对应的裁剪标志的时候就可以通过拖动的方式对图片进行需要的尺寸的裁剪了，如图 3-4-9 所示。

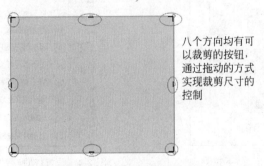

八个方向均有可以裁剪的按钮，通过拖动的方式实现裁剪尺寸的控制

图 3-4-9　"裁剪"图片控制柄

（4）设置艺术字。

步骤1：在"插入"选项卡的"文本"组中单击"艺术字"按钮，在其下拉列表中选择"填充—红色，强调文字颜色2，粗糙棱台"的艺术字样式，如图3-4-10所示，输入文本"老师您辛苦了！"。

步骤2：选中艺术字，在弹出的"绘图工具—格式"选项卡的"艺术字样式"组中单击"文本效果"按钮，在弹出的下拉列表中选择"发光"中的"橙色，8pt发光，强调文字颜色6"，"转换"中选择"陀螺形"，如图3-4-11所示。

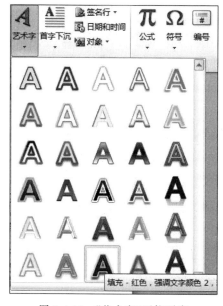

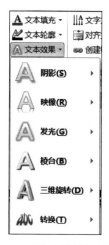

图3-4-10　"艺术字"下拉列表　　　　图3-4-11　"文本效果"下拉列表

步骤3：将艺术字拖移至图片右下方合适位置即可。

（5）设置祝词文本。

步骤1：选中所有祝词文本，在"插入"选项卡的"文本"组中单击"文本框"按钮，在弹出的下拉列表中选择"绘制文本框"，如图3-4-12所示，适当调整文本框大小。

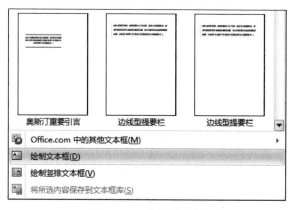

图3-4-12　绘制文本框

步骤 2：选中所有祝词文本，在"开始"选项卡的"段落"组中单击"段落"按钮，在打开的"段落"对话框中设置行距为"1.5 倍"，如图 3-4-13 所示。

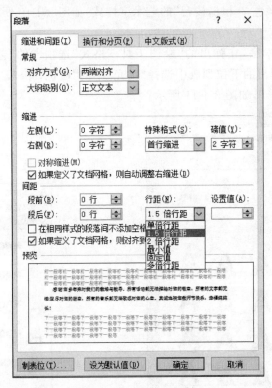

图 3-4-13　"段落"对话框

步骤 3：选中称谓及正文文本，在"开始"选项卡的"字体"组中分别单击"字体""字号"和"加粗"按钮，将文字设置为楷体、小四、加粗，如图 3-4-14 所示。

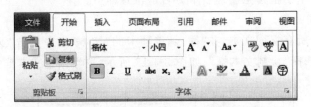

图 3-4-14　称谓及正文文本"字体"设置

步骤 4：选中正文文本，在"开始"选项卡的"段落"组中单击"段落"按钮，在打开的"段落"对话框中设置"首行缩进：2 字符"，如图 3-4-13 所示，单击"确定"按钮。在"字体"组中单击下画线按钮设置文本下画线。

步骤 5：选中署名及日期，在"开始"选项卡的"字体"组中分别单击"字体""字号"和"加粗"按钮，将文字设置为黑体、小四、加粗。在"段落"组中单击"文本右对齐"按钮，如图 3-4-15 所示。

步骤 6：将文本框拖移至图片中部合适位置。全部操作完成后，单击"文件"按钮，在弹出的下拉列表中选择"另存为"选项，打开"另存为"对话框，保存位置选择需要保存文件

的文件夹,在"文件名"文本框中输入"教师节节日贺卡",在"保存类型"下拉列表框中选择
"Word 文档(* . docx)"选项即可。

图 3-4-15 署名及日期"字体"及"段落"设置

实验项目 3.4.2 举办周末舞会海报

任务描述

为培养学生课外社交能力,艺术学院学生会专门利用周末时间为在校大学生准备一
场舞会派对,意在增加学生之间的互动与情感交流,为此需设计一张用于宣传的舞会海报
来吸引更多学生。参考图 3-4-16 所示舞会海报样例,利用 Word 2010 制作一张周末舞会
海报,也可打开"实验指导素材库\实验 3\实验 3.4"文件夹下的"舞会海报_样张.docx"文
件查看。制作舞会海报所需素材均保存在实验 3.4 文件夹中。舞会海报制作完毕后以
"周末舞会海报.docx"为文件名保存于自己的文件夹中。要求如下。

图 3-4-16 "舞会海报"样例

(1)进入实验 3.4 文件夹,打开"舞会海报_文字素材.docx"文档。页面设置:纸张大
小为 32.23 厘米(宽度)×23.54 厘米(高度),页边距上、下、左、右均为 3 厘米,纸张方向
为横向。

(2)将实验 3.4 文件夹下的图片"舞会海报背景_图片.jpg"插入到文档居中位置。
调整图片显示在页面正中间位置并设置为"衬于文字下方"。

（3）将主题"校园舞会"设置为艺术字，字号为 55 号，加粗显示。艺术字样式设置为"填充—蓝色，强调文字颜色 1，金属棱台，映像"，文字颜色设置为渐变填充，预设颜色为"彩虹出轴"，渐变类型为从左下角的"射线"。艺术字轮廓颜色设置为"橙色"，透明度为50%。文本效果为"发光：黄色，10 磅，强调文字颜色 1，透明度为 60%"，两端近弯曲转换，置于图片左上方。

（4）将海报内容设置为竖向文本，其中涉及的数字均采用横向文本，行距为 1.5 倍。字体设置为"四号、黑体"，其中标题加粗显示。将文本框置于图片左中部合适位置。

（5）为海报增加光圈效果，插入无填充色的圆形，边框颜色设置为"白色，背景 1，深色15%"，4.5 磅粗细，形状效果设置为"发光：紫色，5pt 发光，强调文字颜色 4"，1 磅柔化边缘效果。通过复制粘贴的方式可设置多个不同大小、不同效果的光圈，放置在图片右上方合适位置。

操作提示

进入实验 3.4 文件夹，打开"舞会海报_文字素材.docx"文档。

（1）纸张、页边距设置。

步骤 1：在"页面布局"选项卡的"页面设置"组中单击"页面设置"按钮，打开"页面设置"对话框，将"页边距"的上、下、左、右均设置为 3 厘米。纸张方向为"横向"，如图 3-4-17 所示。

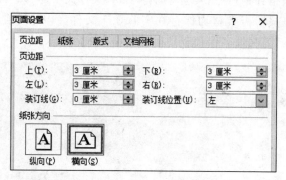

图 3-4-17　"页边距"选项卡

步骤 2：切换至"纸张"选项卡，在"纸张大小"下拉列表框中选择"自定义大小"选项，在"宽度"列表框输入"32.23 厘米"，在"高度"列表框输入"23.54 厘米"，如图 3-4-18 所示。

图 3-4-18　"纸张"选项卡

步骤3：单击"确定"按钮，关闭对话框。

（2）设置图片。

步骤1：插入图片，在"插入"选项卡的"插图"组中单击"图片"按钮，打开"插入图片"对话框，按图片存放路径选择所需图片后单击"插入"按钮即可插入图片，如图 3-4-19 所示。

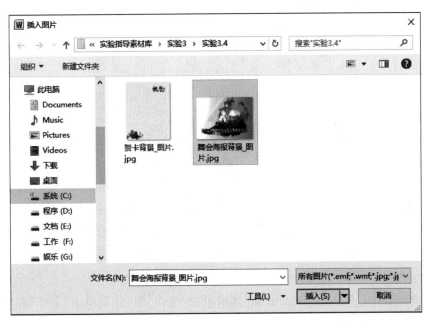

图 3-4-19 "插入图片"对话框

步骤2：选中图片。切换至"图片工具—格式"选项卡，在"排列"组"位置"设置为"中间居中，四周型文字环绕"，如图 3-4-20 所示。"自动换行"设置为"衬于文字下方"，如图 3-4-21 所示。

图 3-4-20 "位置"下拉列表

图 3-4-21 "自动换行"下拉列表

（3）设置艺术字。

步骤1：选中主题文本"校园舞会"，在"插入"选项卡的"文本"组中单击"艺术字"按钮，在其下拉列表中选择"填充—蓝色，强调文字颜色1，金属棱台，映像"的艺术字样式，如图3-4-22所示。

图3-4-22　"艺术字"下拉列表

步骤2：选中艺术字，切换至"开始"选项卡中"字体"组，分别单击"字号"和"加粗"按钮，将文字设置为55号、加粗。

步骤3：选中艺术字，在弹出的"绘图工具—格式"选项卡的"艺术字样式"组中单击"设置文本效果格式"按钮，在打开的"设置文本效果格式"对话框中选择"文本填充"类别。单击"渐变填充"单选按钮，单击"预设颜色"下拉按钮选择"彩虹出轴"，单击"类型"下拉按钮选择"射线"，单击"方向"下拉按钮选择"从左下角"，如图3-4-23所示。

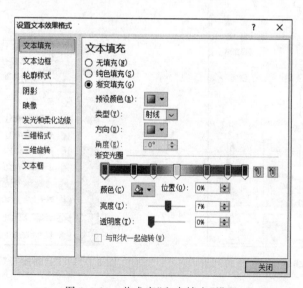

图3-4-23　艺术字"文本填充"设置

步骤4：选中艺术字，按步骤3所示方法打开"设置文本效果格式"对话框，选择"文本边框"类别。单击"实线"单选按钮，单击"颜色"下拉按钮选择"橙色"，调整透明度值为50％，如图3-4-24所示（说明：文本轮廓即文本边框）。

图 3-4-24　艺术字"文本边框"设置

步骤5：选中艺术字，按步骤3所示方法打开"设置文本效果格式"对话框，选择"发光和柔化边缘"类别。单击"预设"下拉按钮选择"发光变体"第一列任一预设方案，单击"颜色"下拉按钮选择"黄色"，调整大小为10磅，调整透明度为60％，如图3-4-25所示。设置完成后单击"关闭"按钮。

图 3-4-25　艺术字"发光和柔化边缘"设置

步骤6：选中艺术字，在弹出的"绘图工具—格式"选项卡的"艺术字样式"组中单击"文字效果"下拉按钮，再选择"转换"中的"弯曲"→"两端近"选项，如图3-4-26所示。

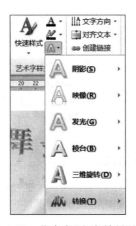

图 3-4-26　艺术字"文字效果"设置

步骤7：将艺术字拖移至图片左上方合适位置即可。

（4）设置海报内容。

步骤1：在"插入"选项卡的"文本"组中单击"文本框"按钮，在弹出的下拉列表中选择"绘制竖排文本框"选项，鼠标坐标变成"＋"号，选择文中合适位置绘制适当大小的竖排文本框，将海报内容文字剪切粘贴至文本框中。

步骤2：分别选中文本框中的数字文本，如"2017"，在"开始"选项卡的"段落"组中单击"中文版式"下拉按钮，选择"纵横混排"按钮，如图3-4-27所示。在弹出的"纵横混排"对话框中取消"适应行宽"复选框，如图3-4-28所示，单击"确定"按钮。其他数字文本均按照此步骤完成设置。

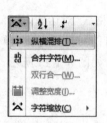

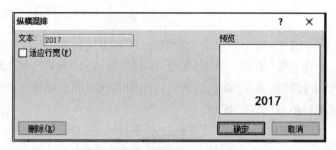

图 3-4-27 "中文版式"设置   图 3-4-28 "纵横混排"对话框

步骤3：选中文本框中的所有文字，在"开始"选项卡的"字体"组中分别将"字体""字号"设置为黑体、四号。

步骤4：将文本框中的标题文字均设置为加粗。

步骤5：将文本框中的文本段落格式设置为"1.5倍行距"。

步骤6：选中文本框，在"绘图工具—格式"选项卡的"形状样式"组中单击"形状轮廓"下拉按钮，在弹出的下拉列表中选择"无轮廓"选项。

步骤7：将文本框拖移至该页面左中部合适的位置。

（5）设置光圈效果。

步骤1：插入圆形，在"插入"选项卡的"插图"组中单击"形状"下拉按钮，选中"椭圆"形状，如图3-4-29所示，此时光标变成"＋"号。在背景图片右上部合适位置，按下鼠标左键，同时按住Shift键，通过拖拽鼠标从而绘制"正圆"。

图 3-4-29 "形状"下拉列表

步骤2：选中"正圆"，在"绘图工具—格式"选项卡的"形状样式"组中单击"形状填充"下拉按钮，在弹出的下拉列表中选择"无填充颜色"选项，如图3-4-30所示。再单击"形状轮廓"下拉按钮，选择颜色为"白色，背景1，深色15％"的图标，选择"粗细"为"4.5磅"，如图3-4-31所示。

步骤3：继续选中"正圆"，单击"形状效果"下拉按钮，在弹出的下拉列表中选择"发光"→"紫色，5pt发光，强调文字颜色4"选项，选择"柔化边缘"为"1磅"选项，如图3-4-32所示。

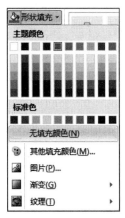
图3-4-30　"形状填充"设置

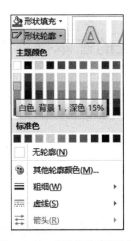
图3-4-31　"形状轮廓"设置

图3-4-32　"形状效果"设置

步骤4：选中已格式化的"正圆"，右击鼠标，在弹出的快捷菜单中选择复制命令，在背景图片上合适位置进行粘贴。按照步骤3所示方法，修改圆圈的颜色及形状效果。选中形状，同时按住Shift键还可调整正圆大小。这样即可完成多个光圈的制作。

步骤5：全部操作完成后，单击"文件"按钮，在弹出的下拉列表中选择"另存为"选项，打开"另存为"对话框，保存位置选择需要保存文件的文件夹，在"文件名"文本框中输入"周末舞会海报"，在"保存类型"下拉列表框中选择"Word文档（＊.docx）"选项即可。

Excel 2010电子表格软件操作

实验 4.1　Excel 工作表的基本操作与格式化

实验目的

（1）熟练掌握 Excel 工作簿、工作表和单元格的常见操作。

（2）熟练掌握工作表中数据的输入。

（3）掌握公式的建立与复制。

（4）掌握工作表中单元格的格式设置方法。

实验项目 4.1.1　设计制作个人现金账目台账表

任务描述

以月和工作表为基本单位制作个人现金账目台账表。工作表命名规则为某年某月，如 2016-1、2016-2、……。每个工作表中的单元格架构为：合并 A1:F1 单元格区域并居中，输入表标题为某年某月个人现金账目记录，如"2016 年 1 月个人现金账目记录"，字体设置为华文楷体、16 磅、加粗；在 A2:F2 单元格区域中分别输入数据表列标题：日期、收入科目、收入（元）、支出科目、支出（元）、余额（元），字体设置为仿宋、14 磅、加粗；从 A3 单元格开始输入每笔记录，并能根据每笔记录的收入和支出自动计算余额，单元格中的字体格式为宋体、12 磅，日期为日期格式中的×年×月×日，现金使用"数值"型、小数位数 2 位，使用千位分隔符；表格中所有单元格均设置为居中显示。最后以"某某个人现金账目台账.xlsx"为工作簿文件名，保存在个人指定的文件夹中。设计样例如图 4-1-1 所示，也可打开 Excel 文档"某某个人现金账目台账_样张.xlsx"查看。

操作提示

（1）新建工作簿文件，工作表命名为"2016-1""2016-2"……。

步骤 1：启动 Excel 2010。

图 4-1-1 "个人现金账目台账表"样例

步骤 2：右击工作表标签 Sheet1，在弹出的快捷菜单中选择"重命名"选项，如图 4-1-2 所示。

图 4-1-2 右击 Sheet1，弹出快捷菜单

步骤 3：输入文字"2016-1"，然后按 Enter 键，如图 4-1-3 所示。按此方法为其他工作表更名。

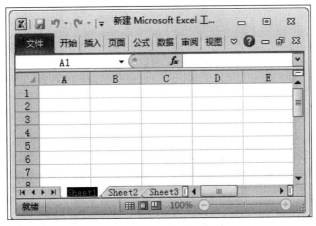

图 4-1-3 工作表名字处于被编辑状态

步骤 4：当工作表不够用时，可单击工作表标签右侧的"插入工作表"按钮插入新工作表，如图 4-1-4 所示。

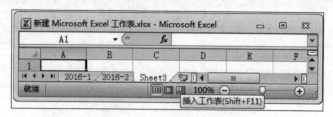

图 4-1-4　单击"插入工作表"按钮可插入新工作表

（2）输入工作表标题并设置字体格式。

步骤 1：单击工作表名"2016-1"，切换至 2016-1 工作表。

步骤 2：用拖拉法选中 A1:F1 单元格区域，如图 4-1-5 所示。

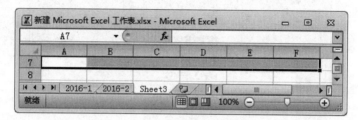

图 4-1-5　选中 A1:F1 单元格区域

步骤 3：在"开始"选项卡的"对齐方式"组中单击"合并后居中"按钮，在弹出的下拉列表中选择"合并后居中"选项，如图 4-1-6 所示。

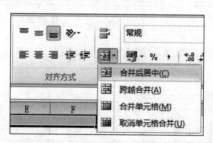

图 4-1-6　合并后居中

步骤 4：然后在编辑栏或 A1 单元格中输入文字"2016 年 1 月个人现金账目记录"，并切换至"开始"选项卡的"字体"组中，将字体设置为华文楷体、16 磅、加粗，如图 4-1-7 所示。

图 4-1-7　输入并设置表标题

（3）输入数据表列标题并设置字体格式。

步骤1：依次选中 A2、B2、C2、D2、E2、F2 单元格，分别输入"日期、收入科目、收入（元）、支出科目、支出（元）和余额（元）"文字。

步骤2：切换至"开始"选项卡的"字体"组中，将字体设置为仿宋、14磅、加粗。

（4）设置数据表数据记录区的字体为宋体、12磅。

步骤1：选中 A3：F33 单元格区域。

步骤2：切换至"开始"选项卡的"字体"组中，将字体设置为宋体、12磅。

（5）设置整个工作表单元格格式为居中并添加表格线。设置 A2：F33 单元格区域的行高和列宽均为18。

步骤1：选中 A1：F33 单元格区域。

步骤2：切换至"开始"选项卡的"对齐方式"组，单击"设置单元格格式：对齐方式"按钮，在打开的"设置单元格格式"对话框中，将"水平对齐"设置为"居中"，"垂直对齐"设置为"居中"，如图 4-1-8 所示。

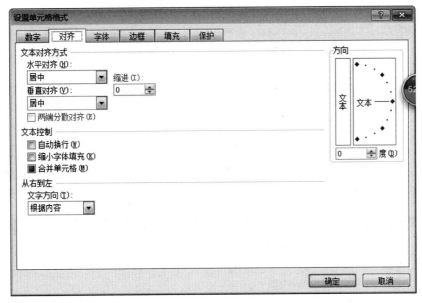

图 4-1-8　单元格的居中设置

步骤3：切换至"边框"选项卡，在"样式"栏选线型，在"颜色"下拉列表框选择线的颜色，此处为默认选择，即单实线、自动，在"预置"栏单击"外边框"和"内部"设置外边框线和内框线，如图 4-1-9 所示。

步骤4：单击"确定"按钮，完成居中和内外框线的设置。

步骤5：选中 A2：F33 单元格区域，在"开始"选项卡的"单元格"组中单击"格式"下拉按钮，在弹出的下拉列表中分别选择"行高"和"列宽"选项，打开"行高"和"列宽"对话框，均设置为"18"，然后分别单击"确定"按钮，如图 4-1-10 和图 4-1-11 所示。

（6）设置"日期"列的数据显示格式为"×年×月×日"；设置"收入（元）""支出（元）"和"余额（元）"列的数据显示格式为"数值"型、小数位数2位、使用千位分隔符。

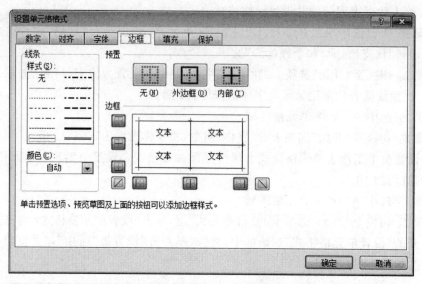

图 4-1-9　表格内外框线设置

图 4-1-10　设置行高

图 4-1-11　设置列宽

步骤 1：选中 A3：A33 单元格区域，切换至"开始"选项卡的"数字"组中，单击"设置单元格格式：数字"按钮，打开"设置单元格格式"对话框，在"数字"选项卡下的"分类"组中选择"日期"选项，在弹出的"类型"框中选择如图 4-1-12 所示显示格式，单击"确定"按钮。

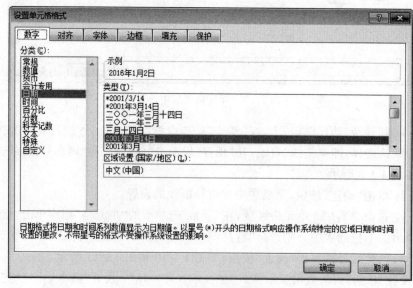

图 4-1-12　设置日期显示格式

步骤2：按住 Ctrl 键选中 C3：C33，E3：F33 单元格区域，切换至"开始"选项卡的"数字"组中，单击"设置单元格格式：数字"按钮，打开"设置单元格格式"对话框，在"数字"选项卡下的"分类"组中选择"数值"选项，将其右侧的"小数位数"微调框调整为 2，选中"使用千位分隔符"复选框，如图 4-1-13 所示，然后单击"确定"按钮。

图 4-1-13　设置"收入（元）""支出（元）"和"余额（元）"列的数字显示格式

（7）设计制作"2016-2"数据表。

步骤1：单击"2016-2"工作表标签，切换至"2016-2"工作表。

步骤2：按照同样的操作步骤设计制作第二个数据表。

步骤3：全部操作完成后，以"某某个人现金账目台账.xlsx"为文件名保存在指定的文件夹中。

实验项目4.1.2　建立张三个人现金账目台账

任务描述

进入自己的文件夹打开"某某个人现金账目台账.xlsx"文档，录入如图 4-1-14 所示的"2016 年 1 月张三个人现金账目记录表"中的每笔账目，并能根据输入的每一笔账目自动计算余额。建账后以"张三个人现金账目台账.xlsx"为文件名保存在自己的文件夹中。

操作提示

（1）录入第 1 笔账并计算余额。

步骤1：打开"某某个人现金账目台账.xlsx"文档，单击"2016-1"工作表标签。

步骤2：单击选中 A3 单元格，按照图 4-1-14 所示录入第 1 笔账。

2016 年 1 月张三个人现金账目记录表

日期	收入科目	收入（元）	支出科目	支出（元）	余额（元）
2016 年 1 月 2 日	工资	12,765.00	买相机	6,548.00	
2016 年 1 月 5 日	课时费	8,568.00			
2016 年 1 月 8 日			日用品	1,800.00	
2016 年 1 月 10 日			缴物管费	650.00	
2016 年 1 月 16 日	上年奖金	25,688.00			
2016 年 1 月 22 日			买衣服	2,548.00	
2016 年 1 月 26 日			购置家具	4,888.00	
2016 年 1 月 28 日			生活用品	1,569.00	
2016 年 1 月 31 日			办年货	5, 679.00	

图 4-1-14　2016 年 1 月张三个人现金账目记录表

步骤 3：单击选中 F3 单元格，切换至英文半角状态，输入公式：“＝C3－E3”，然后按 Enter 键，或单击编辑栏中的“输入”按钮，如图 4-1-15 所示。

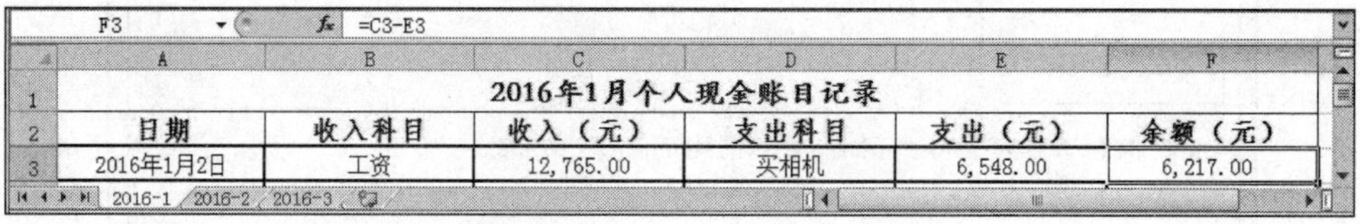

	A	B	C	D	E	F
1	2016年1月个人现金账目记录					
2	日期	收入科目	收入（元）	支出科目	支出（元）	余额（元）
3	2016年1月2日	工资	12,765.00	买相机	6,548.00	6,217.00

图 4-1-15　计算第 1 笔账的余额

(2) 录入第 2 笔账并计算余额。

步骤 1：单击选中 A4 单元格，按照图 4-1-4 所示录入第 2 笔账。

步骤 2：单击选中 F4 单元格，切换至英文半角状态，输入公式：“＝F3＋C4－E4”，然后单击编辑栏中的“输入”按钮，如图 4-1-16 所示。

说明：本次的余额＝上次的余额＋本次的收入－本次的支出。

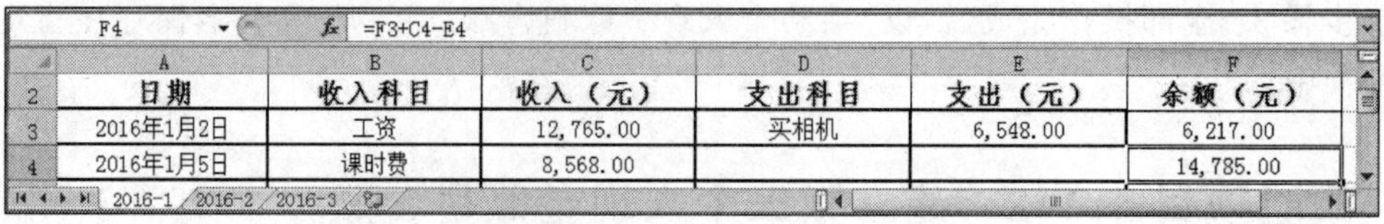

	A	B	C	D	E	F
2	日期	收入科目	收入（元）	支出科目	支出（元）	余额（元）
3	2016年1月2日	工资	12,765.00	买相机	6,548.00	6,217.00
4	2016年1月5日	课时费	8,568.00			14,785.00

图 4-1-16　计算第 2 笔账的余额

(3) 录入第 3 笔账并计算余额。

步骤 1：单击选中 A5 单元格，按照图 4-1-4 所示录入第 3 笔账。

步骤 2：用鼠标左键单击选中 F4 单元格右下角的复制柄，拖移至 F5 单元格，完成公式的复制，如图 4-1-17 所示。

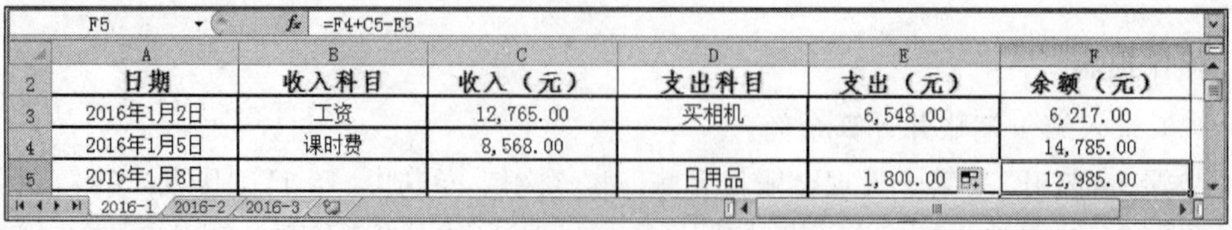

	A	B	C	D	E	F
2	日期	收入科目	收入（元）	支出科目	支出（元）	余额（元）
3	2016年1月2日	工资	12,765.00	买相机	6,548.00	6,217.00
4	2016年1月5日	课时费	8,568.00			14,785.00
5	2016年1月8日			日用品	1,800.00	12,985.00

图 4-1-17　计算第 3 笔账的余额

说明：利用单元格的相对引用实现公式复制。

（4）自动计算余额的设置。

到此为止，每录入一笔账，然后复制公式就能计算出余额。但这还不算自动计算余额。如果我们要实现每录入一笔账，余额就能自动算出，则必须先复制公式。如果先复制公式，就会出现如图 4-1-18 所示的结果。我们发现，空行—未录入账目记录也出现余额，而且是相同余额，这是不合情理的。

F7　=F6+C7-E7

	A	B	C	D	E	F
2	日期	收入科目	收入（元）	支出科目	支出（元）	余额（元）
3	2016年1月2日	工资	12,765.00	买相机	6,548.00	6,217.00
4	2016年1月5日	课时费	8,568.00			14,785.00
5	2016年1月8日			日用品	1,800.00	12,985.00
6						12,985.00
7						12,985.00

2016-1　2016-2　2016-3

图 4-1-18　对于空行复制公式的结果

为解决这一矛盾，必须使用条件函数，如果为空行—空记录，则余额不显示，只有不为空记录才显示余额。将 F4 单元格的公式改为如下公式：

=IF(C4+E4<>0,F3+C4-E4,"")

我们再复制公式发现空行无余额，每录入一笔账目余额就能自动算出，达到预期效果，如图 4-1-19 所示。

F4　=IF(C4+E4<>0,F3+C4-E4,"")

	A	B	C	D	E	F
1	2016年1月个人现金账目记录					
2	日期	收入科目	收入（元）	支出科目	支出（元）	余额（元）
3	2016年1月2日	工资	12,765.00	买相机	6,548.00	6,217.00
4	2016年1月5日	课时费	8,568.00			14,785.00
5	2016年1月8日			日用品	1,800.00	12,985.00
6	2016年1月10日			缴物管费	650	12,335.00
7	2016年1月16日	上年奖金	25,688.00			38,023.00
8	2016年1月22日					
9	2016年1月26日					

图 4-1-19　公式更改后对于空行复制公式的结果

（5）跨数据表的余额传递。

分析：当 1 月的账目录入完毕以后应该转入 2 月，那么这两个月之间的数据有什么关联呢？为了实现记账的连续性，按照统计账目的常识，我们应该将 1 月的最后余额传递到 2 月作为 2 月的第 1 笔收入。

步骤 1：单击“2016-2”工作表标签。

步骤 2：单击选中 C3 单元格，输入公式：“=‘2016−1’!F11”。

步骤 3：单击编辑栏中的“输入”按钮，完成余额的传递，如图 4-1-20 和图 4-1-21 所示。

说明：在 C3 单元格中输入的公式属于跨工作表的单元格引用，公式‘2016-1’!F11 表示引用了工作表名称为“2016-1”工作表中的 F11 单元格，其中的“!”表示工作表与单元

F11		f_x	=IF(C11+E11<>0,F10+C11-E11,"")			

	A	B	C	D	E	F
1			2016年1月个人现金账目记录			
2	日期	收入科目	收入（元）	支出科目	支出（元）	余额（元）
3	2016年1月2日	工资	12,765.00	买相机	6,548.00	6,217.00
4	2016年1月5日	课时费	8,568.00			14,785.00
5	2016年1月8日			日用品	1,800.00	12,985.00
6	2016年1月10日			缴物管费	650	12,335.00
7	2016年1月16日	上年奖金	25,688.00			38,023.00
8	2016年1月22日			买衣服	2,548.00	35,475.00
9	2016年1月26日			购置家具	4,888.00	30,587.00
10	2016年1月28日			生活用品	1,569.00	29,018.00
11	2016年1月31日			办年货	5,679.00	23,339.00
12						

图 4-1-20　"2016-1"工作表中的 F11 单元格

C3		f_x	='2016-1'!F11			

	A	B	C	D	E	F
1			2016年2月个人现金账目记录			
2	日期	收入科目	收入（元）	支出科目	支出（元）	余额
3			23,339.00			
4						

图 4-1-21　"2016-2"工作表中的 C3 单元格

格之间的隶属关系。

（6）设置第 2 张数据表的余额自动计算。

步骤 1：选中 F3 单元格，输入公式"＝C3－E3"，按 Enter 键。

步骤 2：选中 F4 单元格，输入公式"＝IF(C4＋E4<>0,F3＋C4－E4,"")"，按 Enter 键。

步骤 3：将 F4 单元格中的公式复制到 F33 单元格，如图 4-1-22 所示。

F5		f_x	=IF(C5+E5<>0,F4+C5-E5,"")			

	A	B	C	D	E	F
1			2016年2月个人现金账目记录			
2	日期	收入科目	收入（元）	支出科目	支出（元）	余额
3			23,339.00			23,339.00
4						
5						

图 4-1-22　设置第 2 张数据表的余额自动计算

（7）建账完成后保存文档。

步骤 1：单击"文件"选项卡，在弹出的下拉列表中选择"另存为"选项。

步骤 2：在打开的"另存为"对话框中选择存放文件的文件夹，在"文件名"文本框中输入"张三个人现金账目台账"，在"文件类型"下拉列表框中选择"Word 文档（＊.docx）"，然后单击"确定"按钮。

实验 4.2 数据计算与创建图表

实验目的

(1) 熟练掌握公式与函数的使用方法。

(2) 熟练掌握公式与函数的复制方法。

(3) 熟练掌握单元格相对地址与绝对地址的引用方法。

(4) 熟练掌握创建图表的方法。

实验项目 4.2.1 学生考试成绩的统计

任务描述

进入“上篇—实验指导\实验指导素材库\实验 4\实验 4.2”文件夹，打开“A 班学生考试成绩_原始数据.xlsx”文档，在该工作簿文档中，A 班学生成绩表原始数据如图 4-2-1 所示，对数据表中的所列项目进行计算与单科不及格判定，并进行单元格格式化和创建设计图表，最后以“A 班学生考试成绩_统计结果.xlsx”为文件名保存于自己的文件夹中。设计样例如图 4-2-2 所示，也可打开“A 班学生考试成绩_统计结果(样张).xlsx”文档查看。

	A	B	C	D	E	F	G	H	I
1	A班学生成绩表								
2	姓 名	学号	性别	数学	英语	计算机	总分	平均分	名次
3	张蒙丽	20120501	女	88	81	76			
4	王华志	20120502	男	75	49	86			
5	吴 宇	20120503	男	68	95	76			
6	郑 霞	20120504	女	96	69	58			
7	许 芳	20120505	女	78	89	92			
8	彭树三	20120506	男	56	85	65			
9	许晓兵	20120507	男	85	71	79			
10	刘丽丽	20120508	女	78	68	90			
11	单科平均分								
12	单科最高分								
13	单科最低分								

图 4-2-1 A 班学生考试成绩原始数据

	A	B	C	D	E	F	G	H	I
1	A班学生成绩表								
2	姓 名	学号	性别	数学	英语	计算机	总分	平均分	名次
3	张蒙丽	20120501	女	88	81	76	245	81.7	2
4	王华志	20120502	男	75	49	86	210	70.0	7
5	吴 宇	20120503	男	68	95	76	239	79.7	3
6	郑 霞	20120504	女	96	69	58	223	74.3	6
7	许 芳	20120505	女	78	89	92	259	86.3	1
8	彭树三	20120506	男	56	85	65	206	68.7	8
9	许晓兵	20120507	男	85	71	79	235	78.3	5
10	刘丽丽	20120508	女	78	68	90	236	78.7	4
11	单科平均分			78.0	75.9	77.8			
12	单科最高分			96	95	92			
13	单科最低分			56	49	58			

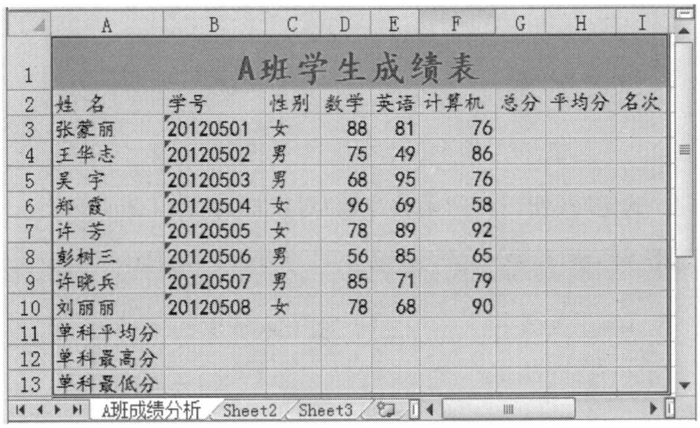

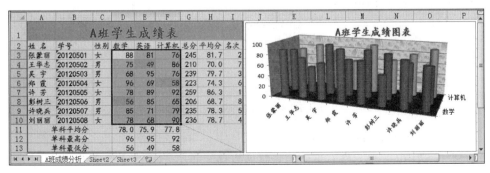

图 4-2-2 A 班学生考试成绩统计结果样例

操作提示

1．计算成绩表中所列项目

（1）计算总分。

分析：计算总分可以使用公式，也可以使用函数，两者比较使用函数较为方便。

步骤1：选中G3单元格，在"公式"选项卡的"函数库"组中单击"插入函数"按钮，打开"插入函数"对话框，在"或选择类别"下拉列表框中选择"常用函数"选项，在"选择函数"列表框中选择"SUM"函数，如图4-2-3所示。

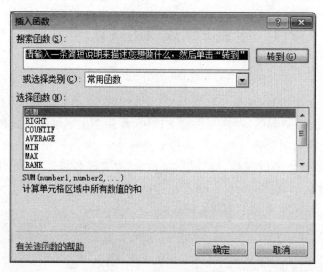

图 4-2-3　选择 SUM 函数

步骤2：单击"确定"按钮，打开"函数参数"对话框，如图4-2-4所示。

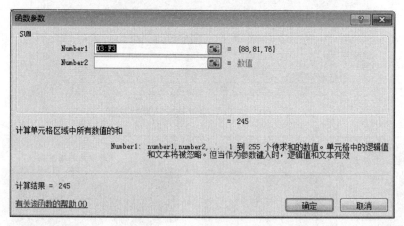

图 4-2-4　"函数参数"对话框

步骤3：再次单击"确定"按钮。

步骤4：选中G3单元格右下角的复制柄拖移至G10单元格完成公式复制。

（2）计算平均分，保留一位小数。

步骤1：选中H3单元格，在打开的"插入函数"对话框中的"选择函数"列表框中选择AVERAGE函数。

步骤2：单击"确定"按钮，在打开的"函数参数"对话框中将Number1中的参数"D3:G3"修改为"D3:F3"，如图4-2-5所示。

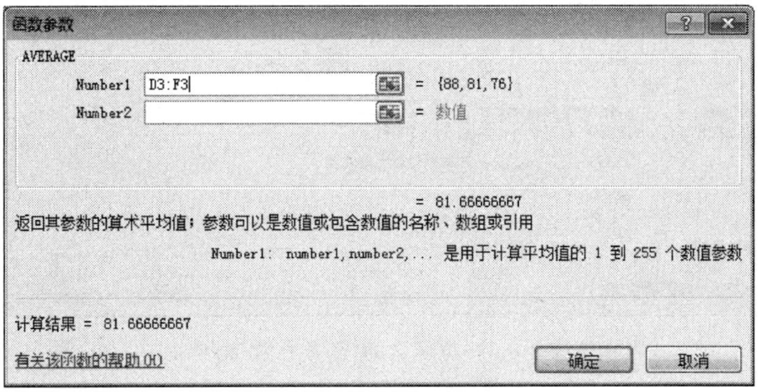

图4-2-5　求平均值的"函数参数"对话框

步骤3：再次单击"确定"按钮。H3单元格中的值为81.667，为无限循环小数。

步骤4：选中H3单元格，切换至"开始"选项卡的"数字"组中，连续单击"缩小小数位数"按钮，直到小数位数变为1位为止。

步骤5：单击选中H3单元格右下角的复制柄，将其拖移至H10单元格，完成公式复制。

（3）计算名次。

步骤1：选中I3单元格，在"开始"选项卡的"编辑"组中单击"自动求和"下拉按钮，在弹出的下拉列表中选择"其他函数"选项，打开"插入函数"对话框。

步骤2：在"或选择类别"下拉列表框中选择"全部"选项，在"选择函数"列表框中选择RANK函数，如图4-2-6所示，单击"确定"按钮。

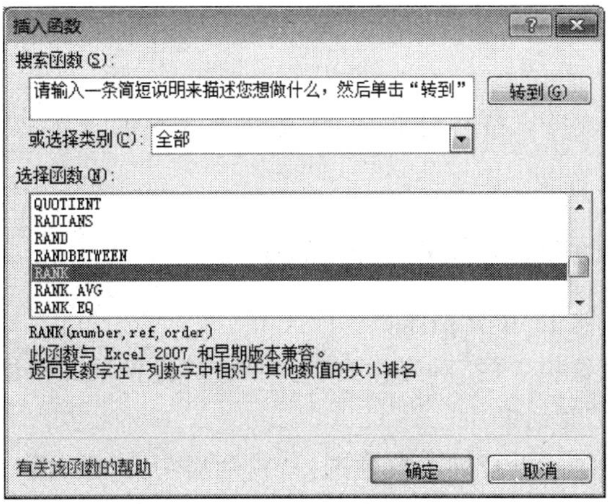

图4-2-6　选择RANK函数

步骤 3：在打开的"函数参数"对话框中，在 Number 框中输入"G3"（单元格相对引用），在 Ref 框中输入"＄G＄3：＄G＄10"（单元格绝对引用），在 Order 框中输入"0"或忽略，如图 4-2-7 所示。

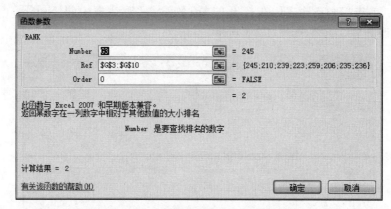

图 4-2-7　排位函数的"函数参数"对话框

步骤 4：单击"确定"按钮。

步骤 5：单击选中 I3 单元格右下角的复制柄，将其拖移至 I10 单元格，完成公式复制。

（4）计算单科平均分（保留一位小数）、单科最高分、单科最低分。

步骤 1：选中 D11 单元格，单击编辑栏中的"插入函数"按钮，打开"插入函数"对话框，在"或选择类别"下拉列表框中选择"常用函数"，在"选择函数"列表框中选择"AVERAGE"函数。

步骤 2：单击"确定"按钮，打开"函数参数"对话框。

步骤 3：再次单击"确定"按钮。

步骤 4：单击选中 D11 单元格右下角的复制柄，将其拖移至 F11 单元格。

步骤 5：选中 D11:F11 单元格区域，切换至"开始"选项卡的"数字"组中，单击"减少小数位数"或"增加小数位数"按钮调整小数位数为一位。

（5）使用 MAX 函数计算单科最高分，将其分别置于 D12:F12 单元格区域相应单元格中。

（6）使用 MIN 函数计算单科最低分，将其分别置于 D13:F13 单元格区域相应单元格中。

2. 将 A11:C13 单元格区域设置为跨列居中

步骤 1：选中 A11:C13 单元格区域。

步骤 2：在"开始"选项卡的"对齐方式"组中单击"设置单元格格式：对齐方式"按钮，打开"设置单元格格式"对话框。

步骤 3：在"水平对齐"下拉列表框中选择"跨列居中"选项，在"垂直对齐"下拉列表框中选择"居中"选项，然后单击"确定"按钮，如图 4-2-8 所示。

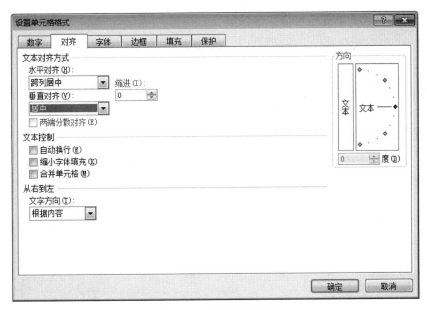

图 4-2-8　设置跨列居中

3．删除"学号"列的学号，再以数字文本的形式重新输入学号

步骤1：选中 B3:B10 单元格区域，按 Delete 键即可删除学号。

步骤2：选中 B3 单元格，输入""'"，再输入数字，如图 4-2-9 所示。

	A	B	C	D	E	F	G	H	I
1		A班学生成绩表							
2	姓 名	学号	性别	数学	英语	计算机	总分	平均分	名次
3	张蒙丽	'20120501	女	88	81	76	245	81.7	2
4	王华志		男	75	49	86	210	70.0	7

图 4-2-9　输入数字文本

步骤3：按 Enter 键或单击编辑栏中的"输入"按钮。

步骤4：选中 B4 单元格，按同样方法输入学号。

步骤5：选中 B3、B4 单元格，将鼠标光标定位于 B4 单元格右下角的复制柄，将其拖移至 B10 单元格完成学号的填充，如图 4-2-10 所示。

	A	B	C	D	E	F	G	H	I
1		A班学生成绩表							
2	姓 名	学号	性别	数学	英语	计算机	总分	平均分	名次
3	张蒙丽	20120501	女	88	81	76	245	81.7	2
4	王华志	20120501	男	75	49	86	210	70.0	7
5	吴宇		男	68	95	76	239	79.7	3
6	郑霞		女	96	69	58	223	74.3	6

图 4-2-10　复制数字文本

4. 合并 G11:I13 单元格区域并加斜线

步骤 1：选中 G11:I13 单元格区域，在"开始"选项卡的"对齐方式"组中单击"设置单元格格式：对齐方式"按钮。

步骤 2：在打开的"设置单元格格式"对话框中的"对齐"选项卡下，在"文本对齐方式"栏，将"水平对齐"设置为"居中"，"垂直对齐"设置为"居中"；在"文本控制"栏选中"合并单元格"复选框，如图 4-2-11 所示。

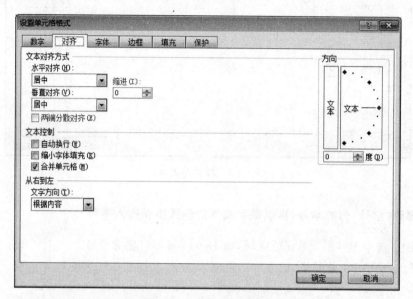

图 4-2-11　"对齐"选项卡

步骤 3：切换至"边框"选项卡，选择如图 4-2-12 所示斜线。

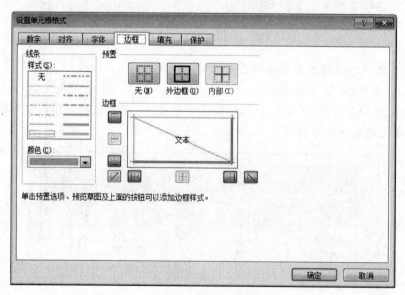

图 4-2-12　"边框"选项卡

步骤4：单击"确定"按钮完成设置。

5. 单科不及格判定

步骤1：选中D3:F10单元格区域。

步骤2：切换至"开始"选项卡的"样式"组，单击"条件格式"下拉按钮，在弹出的下拉列表中选择"突出显示单元格规则"→"小于"选项，如图4-2-13所示。

图4-2-13　"条件格式"下拉列表

步骤3：在打开的"小于"对话框中的左侧文本框中输入"60"，在其右侧的"设置为"下拉列表框中选择"浅红填充色深红色文本"选项，如图4-2-14所示。然后单击"确定"按钮，不及格成绩将突出显示。

图4-2-14　"小于"对话框

6. 创建设计图表

创建张蒙丽等8人的单科成绩三维圆柱图，添加图表标题"A班学生成绩图表"，去除图例，"图表背景墙"设置为"纹理填充"→"水滴"，"图表基底"设置为"纹理填充"→"绿色大理石"，将图表放置于J1:P13单元格区域。

步骤1：选中姓名、数学、英语、计算机4列数据，在"插入"选项卡的"图表"组中，单击"柱形图"下拉按钮，在弹出的下拉列表中选择"三维圆柱图"选项，如图4-2-15所示，则初始化图表创建成功，如图4-2-16所示。

步骤2：选中图表，单击"图表工具—布局"选项卡，在"标签"组中单击"图表标题"下拉按钮，在弹出的下拉列表中选择"居中覆盖标题"，然后在图表上方居中位置出现的框中输入标题文字并设置为深红色，如图4-2-17所示。

步骤3：在"标签"组中，单击"图例"下拉按钮，在弹出的下拉列表中选择"无—关闭图例"选项，则去除图例，如图4-2-18所示。

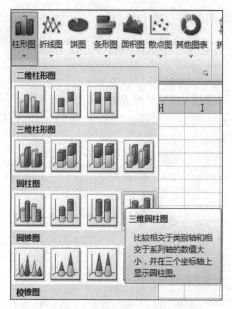

图 4-2-15 "柱形图"下拉列表

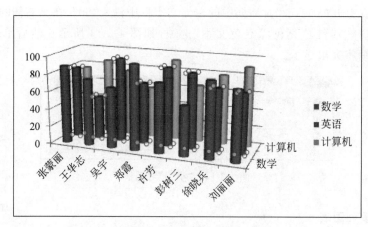

图 4-2-16 初始化图表

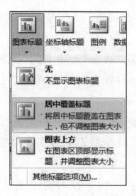

图 4-2-17 "图表标题"下拉列表

图 4-2-18 "图例"下拉列表

步骤4：在"图表工具—布局"选项卡的"背景"组中单击"图表背景墙"下拉按钮，在弹出的下拉列表中选择"其他背景墙"选项，如图 4-2-19 所示，打开"设置背景墙格式"对话框，在左边栏中选择"填充"选项，在打开的右边栏中选中"图片或纹理填充"单选按钮，然后在"纹理"下拉列表中选择"水滴"选项，如图 4-2-20 所示。

图 4-2-19 "图表背景墙"下拉列表

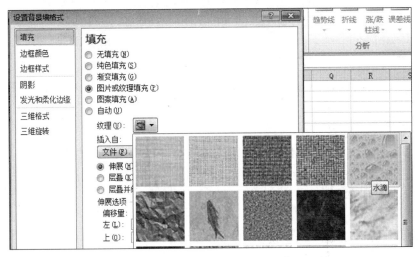

图 4-2-20 "纹理"下拉列表中的"水滴"选项

步骤5：在"图表工具—布局"选项卡的"背景"组中单击"图表基底"下拉按钮，在弹出的下拉列表中选择"其他基底"选项，如图 4-2-21 所示，打开"设置基底格式"对话框，在左

图 4-2-21 "图表基底"下拉列表

边栏中选择"填充"选项,在打开的右边栏中选中"图片或纹理填充"单选按钮,然后在"纹理"下拉列表中选择"绿色大理石"选项,如图 4-2-22 所示。

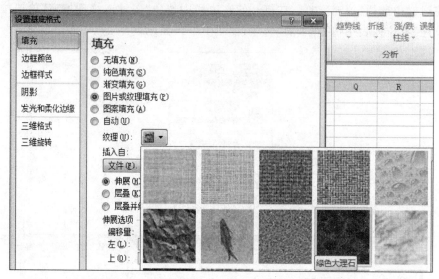

图 4-2-22   "纹理"下拉列表中的"绿色大理石"选项

步骤 6:选中图表,将其拖移至 J1:P13 单元格区域即可。

7. 文档保存

步骤 1:单击"文件"选项卡,在弹出的下拉菜单中选择"另存为"选项。

步骤 2:在打开的"另存为"对话框中,将文件以"A 班学生考试成绩_统计结果.xlsx"为文件名保存于自己的文件夹中。

实验项目 4.2.2   企业人员分布统计

任务描述

进入"上篇—实验指导\实验指导素材库\实验 4\实验 4.2"文件夹,打开"企业人员分布统计_原始数据.xlsx"文档,在该工作簿文档中,企业人员分布统计原始数据如图 4-2-23 所示,将 Sheet1 工作表的 A1:D1 单元格合并为一个单元格,内容水平居中;计算职工的平均年龄置于 C13 单元格内(数值型,保留小数点后 1 位);计算职称为高工、工程师和助工的人数置于 G5:G7 单元格区域(利用 COUNTIF 函数)。选取"职称"列(F4:F7)和"人数"列(G4:G7)数据区域的内容建立"二维饼图",图表标题为"职称情况统计图",设置一种"文本效果",清除图例;将图插入到表的 A14:E22 单元格区域内,将工作表命名为"职称情况统计表",设计样例如图 4-2-24 所示,也可打开文档"企业人员分布统计_计算结果(样张).xlsx"查看。最后以"企业人员分布统计_计算结果.xlsx"为文件名保存于自己的文件夹中。

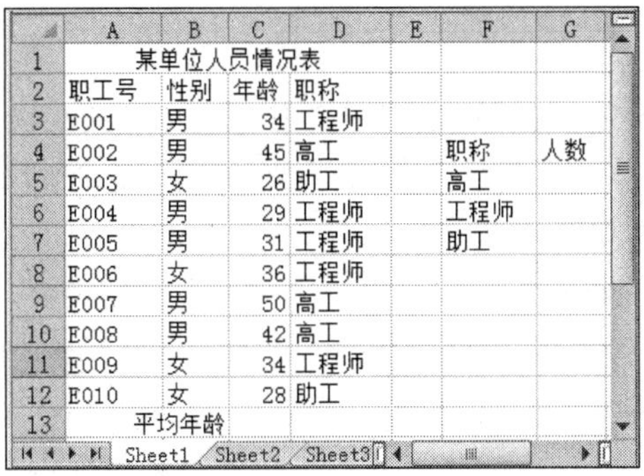

	A	B	C	D	E	F	G
1	某单位人员情况表						
2	职工号	性别	年龄	职称			
3	E001	男	34	工程师			
4	E002	男	45	高工		职称	人数
5	E003	女	26	助工		高工	
6	E004	男	29	工程师		工程师	
7	E005	男	31	工程师		助工	
8	E006	女	36	工程师			
9	E007	男	50	高工			
10	E008	男	42	高工			
11	E009	女	34	工程师			
12	E010	女	28	助工			
13	平均年龄						

图 4-2-23　企业人员分布统计原始数据

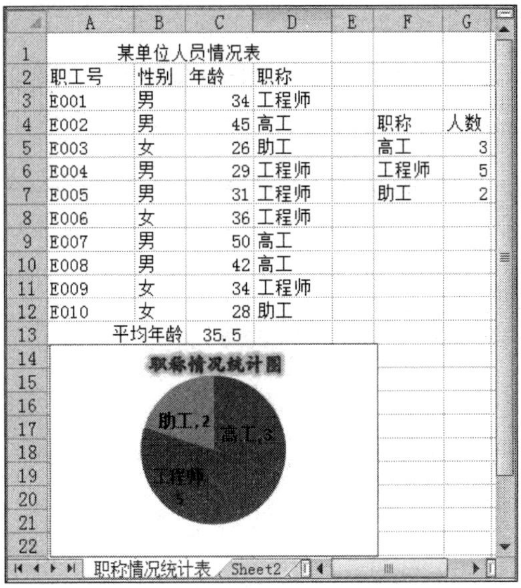

	A	B	C	D	E	F	G
1	某单位人员情况表						
2	职工号	性别	年龄	职称			
3	E001	男	34	工程师			
4	E002	男	45	高工		职称	人数
5	E003	女	26	助工		高工	3
6	E004	男	29	工程师		工程师	5
7	E005	男	31	工程师		助工	2
8	E006	女	36	工程师			
9	E007	男	50	高工			
10	E008	男	42	高工			
11	E009	女	34	工程师			
12	E010	女	28	助工			
13	平均年龄		35.5				

图 4-2-24　设计样例

操作提示

1. 合并标题行单元格

步骤 1：打开“企业人员分布统计_原始数据.xlsx”文档，切换至 Sheet1 工作表，选中 A1:D1 单元格区域。

步骤 2：在“开始”选项卡的“对齐方式”组中单击“合并后居中”下拉按钮，在弹出的下拉列表中选择“合并后居中”选项即可。

2. 计算工作表中所列项目

(1) 计算平均年龄。

步骤 1：选中 C13 单元格。

步骤 2：直接在编辑栏中单击“插入函数”按钮，在打开的“插入函数”对话框中选择

AVERAGE 函数,单击"确定"按钮,打开"函数参数"对话框,在 Number1 文本框中输入"C3:C12",单击"确定"按钮。

步骤 3:切换至"开始"选项卡的"数字"组中,单击"增加小数位数"或"减少小数位数"按钮,将小数位数调整至小数点后一位即可(此处不用调整即满足要求)。

(2) 计算各类职称的人数。

步骤 1:选中 G5 单元格。

步骤 2:直接在编辑栏中单击"插入函数"按钮,在打开的"插入函数"对话框中选择 COUNTIF 函数,单击"确定"按钮,打开"函数参数"对话框,在 Range 文本框中输入" $D$3:$D$12"(单元格的绝对引用),在 Criteria 文本框中输入"F5"(单元格的相对引用),单击"确定"按钮,如图 4-2-25 和图 4-2-26 所示。

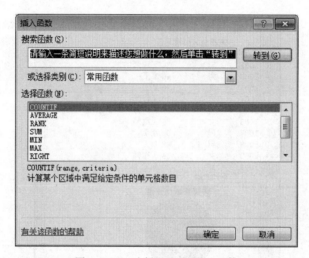

图 4-2-25 选择 COUNTIF 函数

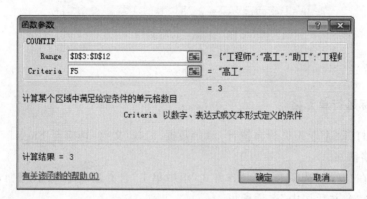

图 4-2-26 输入函数参数

3. 创建图表

步骤 1:选中 F4:G7 单元格区域。

步骤 2:切换至"插入"选项卡的"图表"组中,单击"饼图"下拉按钮,在弹出的下拉列表中选择"饼图"选项,则初始化图表创建成功,如图 4-2-27 所示。

步骤 3:选中图表,切换至"图表工具—布局"选项卡的"标签"组中,单击"图例"下拉按钮,在弹出的下拉列表中选择"无—关闭图例"选项则去除图例,如图 4-2-28 所示。

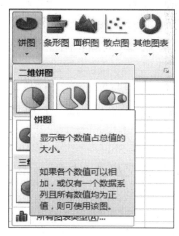

图 4-2-27 "饼图"下拉列表

图 4-2-28 "图例"下拉列表

步骤 4:在"标签"组中单击"数据标签"下拉按钮,在弹出的下拉列表中选择"其他数据标签"选项,打开"设置数据标签格式"对话框,在左侧选项栏选择"标签选项",在右侧选项栏的"标签包括"小组中勾选"值""类别名称""显示引导线"复选框;在右侧选项栏的"标签位置"小组中选中"最佳匹配"单选按钮,然后单击"确定"按钮。则数据标签设置成功,如图 4-2-29 所示。

图 4-2-29 设置数据标签格式

步骤 5：在"标签"组中单击"图表标题"下拉按钮,在弹出的下拉列表中选择"居中覆盖标题"选项,如图 4-2-30 所示,在弹出的放置标题文字的文本框中输入"职称情况统计图"文字,并切换至"图表工具—格式"选项卡的"艺术字样式"组中,单击"文本轮廓"下拉按钮将字体设置成红色,单击"文本效果"下拉按钮,在弹出的下拉列表中选择"发光"→"发光变体"中的"红色,18pt发光,强调文字颜色 2"选项。

图 4-2-30　设置图表标题

步骤 6：将图表拖移至 A14:E22 单元格区域。

4．工作表命名

步骤 1：双击工作表标签 Sheet1。

步骤 2：输入"职称情况统计表"文字,按 Enter 键即可。

5．保存文档

步骤 1：单击"文件"→"另存为"选项。

步骤 2：在打开的"另存为"对话框中,将文档以"企业人员分布统计_计算结果.xlsx"为文件名保存于自己的文件夹中。

实验项目 4.2.3　企业产品投诉情况统计

任务描述

进入"上篇—实验指导\实验指导素材库\实验 4\实验 4.2"文件夹,打开"企业产品投诉情况统计_原始数据.xlsx"文档,在该工作簿文档中,企业产品投诉情况统计原始数据如图 4-2-31 所示,合并 Sheet1 的 A1:C1 单元格,内容水平居中,计算投诉量的"总计"行及"所占比例"列的内容,将工作表命名为"产品投诉情况表";选取"产品投诉情况表"的"产品名称"列和"所占比例"列的单元格内容(不包括"总计"行),建立"分离型三维饼图",不显示图例,数据标志为"类别名称"和"百分比",图表标题为"产品投诉量情况图",绘图区填充为"花束",插入到表的 A8:E18 单元格区域内。设计样例如图 4-2-32 所示,也可打开"企业产品投诉情况统计_计算结果(样张).xlsx"文档查看。最后以"企业产品投诉情况统计_计算结果.xlsx"为文件名保存于自己的文件夹中。

图 4-2-31　企业产品投诉情况统计原始数据

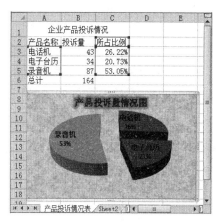

图 4-2-32 设计样例

操作提示

1. 合并标题行单元格

步骤 1：选中 A1:C1 单元格区域。

步骤 2：在"开始"选项卡的"对齐方式"组中单击"合并后居中"下拉按钮，在弹出的下拉列表中选择"合并后居中"选项即可。

2. 计算工作表中所列项目

（1）计算投诉量的总计。

步骤 1：选中 B6 单元格。

步骤 2：直接单击编辑栏中的"插入函数"按钮，打开"插入函数"对话框，选择 SUM 函数，单击"确定"按钮，打开"函数参数"对话框，再单击"确定"按钮即可。

（2）计算各类产品的投诉量所占比例。

步骤 1：选中 C3 单元格。

步骤 2：输入公式"＝B3/＄B＄6"后按 Enter 键或单击编辑栏中的"输入"按钮，如图 4-2-33 所示。

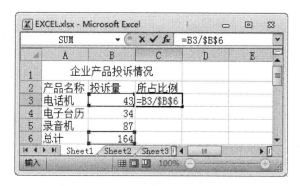

图 4-2-33 在 C3 单元格输入公式

步骤 3：鼠标单击选中 C3 单元格右下角的复制柄，将其拖移至 C5 单元格完成公式复制。

步骤 4：选中 C3:C5 单元格区域，切换至"开始"选项卡的"数字"组中，单击"设置单元格格式：数字"按钮，打开"设置单元格格式"对话框，在"数字"选项卡下的"分类"框中选择"百分比"选项，并将右侧的"小数位数"调整成 2 位，单击"确定"按钮，如图 4-2-34 所示。

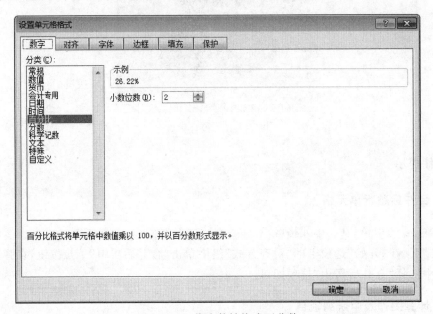

图 4-2-34　将小数转换成百分数

3．创建图表

步骤 1：选中"产品名称"列和"所占比例"列的内容。

步骤 2：在"插入"选项卡的"图表"组中单击"饼图"下拉按钮，在弹出的下拉列表中选择"分离型三维饼图"选项，则初始化图表创建成功，如图 4-2-35 所示。

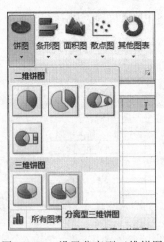

图 4-2-35　设置分离型三维饼图

步骤3：选中图表，在"图表工具—布局"选项卡的"标签"组中单击"图例"下拉按钮，在弹出的下拉列表中选择"无—关闭图例"选项即可隐藏图例。

步骤4：选中图表，在"图表工具—布局"选项卡的"标签"组中单击"图表标题"下拉按钮，在弹出的放置标题文字的文本框中输入标题文字"产品投诉量情况图"；切换至"图表工具—格式"选项卡的"艺术字样式"组中，通过单击"文本轮廓"和"文本效果"下拉按钮设置标题文字的颜色和背景效果。

步骤5：选中图表，在"图表工具—布局"选项卡的"标签"组中单击"数据标签"下拉按钮，在弹出的下拉列表中选择"其他数据标签选项"，即可打开"设置数据标签格式"对话框，在左侧选项栏选择"标签选项"，在右侧选项栏的"标签包括"小组中勾选"百分比""类别名称""显示引导线"复选框；在右侧选项栏的"标签位置"小组中选中"最佳匹配"单选按钮。然后单击"确定"按钮，则数据标志设置成功，如图4-2-36所示。

图4-2-36　设置图表的数据标签

步骤6：选中图表区，切换至"图表工具—格式"选项卡的"形状样式"组中，单击"形状填充"下拉按钮，在弹出的下拉列表中选择"纹理"→"花束"选项，如图4-2-37所示。

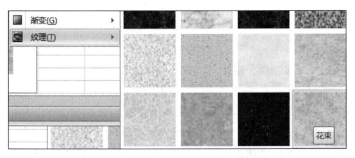

图4-2-37　设置图表区的填充色

步骤 7：选中图表区，将其拖移至 A8：E18 单元格区域。

4. 工作表命名

步骤 1：双击工作表标签 Sheet1。

步骤 2：输入文字"产品投诉情况表"后按 Enter 键即可。

5. 保存文档

步骤 1：单击"文件"→"另存为"命令。

步骤 2：打开"另存为"对话框，将文档以"企业产品投诉情况统计_计算结果.xlsx"为文件名保存于自己的文件夹中。

实验 4.3　数据的基本分析与处理

实验目的

(1) 熟练掌握数据表中数据的排序。

(2) 熟练掌握数据表中数据的筛选。

(3) 熟练掌握数据的分类汇总。

(4) 熟练掌握创建数据透视表的方法。

实验项目 4.3.1　学生成绩的排序、筛选与分类汇总

任务描述

进入"上篇—实验指导\实验指导素材库\实验 4\实验 4.3"文件夹，打开"学生成绩_原始数据.xlsx"文档，对数据表中的数据按如下要求进行处理，最后以"学生成绩_处理结果.xlsx"为文件名保存于自己的文件夹中。如要参考设计样例，可打开"学生成绩_处理结果(样张).xlsx"文档查看。

(1) 在 Sheet1 数据表的"姓名"列右边增加"性别"列，第 1、第 3、第 5、第 6、第 9 条记录为女生，其他为男生。

(2) 将 Sheet1 数据表复制到 Sheet2 中 A1 开始的单元格区域，然后将 Sheet2 中的数据按性别排列，男生在上，女生在下，性别相同的按总分降序排列，并将"Sheet2"更名为"成绩的排序"。

(3) 将 Sheet1 工作表中的数据复制到 Sheet3 中 A1 开始的单元格区域，并在 Sheet3 数据表中筛选出总分小于 240 分或大于 270 分的女生记录，并将 Sheet3 更名为"成绩的筛选"。

(4) 新插入 Sheet4 工作表，并将 Sheet1 工作表中的数据复制到 Sheet4 工作表中 A1 开始的单元格区域，然后对 Sheet4 工作表中的数据按性别分别求出男生和女生的各科平均成绩(不包括总分)，要求平均成绩保留一位小数，并将 Sheet4 更名为"成绩的分类汇总"。

操作提示

进入"上篇—实验指导\实验指导素材库\实验4\实验4.3"文件夹,打开"学生成绩_原始数据.xlsx"文档。

(1) 单击选中 Sheet1 工作表,按要求插入性别列。

步骤1:选中"英语"列的任意单元格。

步骤2:在"开始"选项卡的"单元格"组中单击"插入"按钮,如图4-3-1所示。

步骤3:在弹出的下拉列表中选择"插入工作表列"选项,如图4-3-2所示。

图4-3-1 "单元格"组　　　　　　　图4-3-2 "插入"按钮下拉列表

步骤4:在插入的新列中输入列标题,即字段名为"性别",然后按要求输入字段值完成插入列操作。

(2) 将 Sheet1 数据表复制到 Sheet2 中,然后进行排序操作。

步骤1:框选 Sheet1 工作表中 A1:F11 单元格区域。切换至"开始"选项卡的"剪贴板"组中,单击"复制"按钮。

步骤2:单击 Sheet2 工作表标签,并选中 A1 单元格。切换至"开始"选项卡的"剪贴板"组中,单击"粘贴"按钮,完成数据表复制操作。

步骤3:选中 Sheet2 数据表中任意单元格。切换至"开始"选项卡的"编辑"组中,单击"排序和筛选"按钮,弹出如图4-3-3所示下拉列表,单击"自定义排序"选项,打开"排序"对话框,按题目要求主要关键字选"性别",次序选"升序",然后单击"添加条件"按钮,

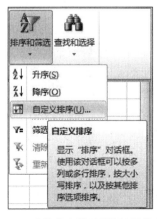

图4-3-3 "排序和筛选"按钮下拉列表

弹出"次要关键字"列表,次要关键字选"总分",次序选"降序",排序依据均选"数值",如图 4-3-4 所示。单击"确定"按钮,关闭对话框。

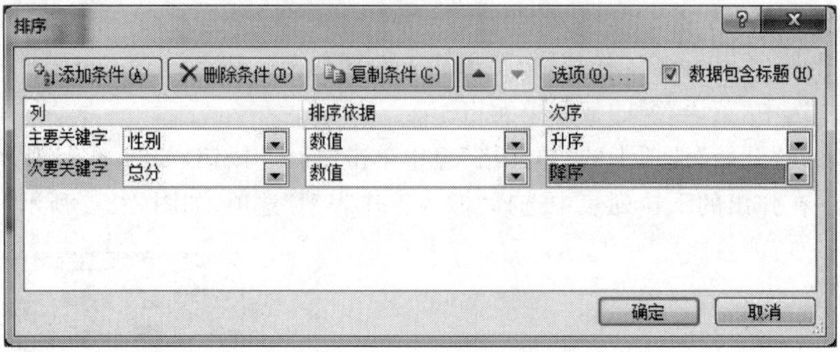

图 4-3-4 "排序"对话框

步骤 4:双击工作表标签 Sheet2,然后输入文字"成绩的排序"。

(3) 将 Sheet1 工作表中的数据复制到 Sheet3 中,并进行成绩的筛选。

步骤 1:按前述方法将 Sheet1 数据表中的数据复制到 Sheet3 数据表中。

步骤 2:选中 Sheet3 数据表中的任意单元格,切换至"开始"选项卡的"编辑"组中,单击"排序和筛选"按钮,在下拉列表中选择"筛选"选项,此时,数据表列标题旁出现下三角按钮,此为筛选器,如图 4-3-5 所示。

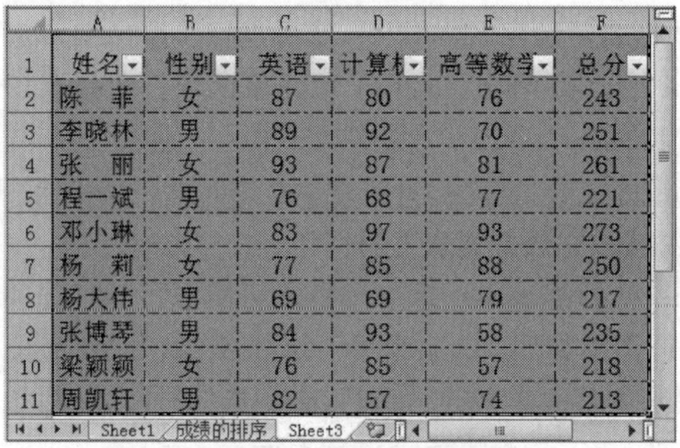

图 4-3-5 筛选器

步骤 3:单击"总分"筛选器,在下拉列表中选择"数字筛选"→"小于"命令,打开"自定义自动筛选方式"对话框。按题目要求,设置两个条件用"或"逻辑运算符连接,如图 4-3-6 所示。单击"确定"按钮,即可得按"总分"字段筛选的结果,如图 4-3-7 所示。

步骤 4:单击"性别"筛选器,在弹出的下拉列表中选择"文本筛选"→"等于"命令,打开"自定义自动筛选方式"对话框,设置性别等于女,如图 4-3-8 所示,单击"确定"按钮。

步骤 5:按前述方法将 Sheet3 更名为"成绩的筛选",双重筛选结果如图 4-3-9 所示。

(4) 新插入 Sheet4 工作表,完成数据的复制和成绩的分类汇总。

步骤 1:单击工作表标签右侧的"插入工作表"按钮插入新工作表,并将其更名为"成绩的分类汇总"。

图 4-3-6 "总分"字段的筛选 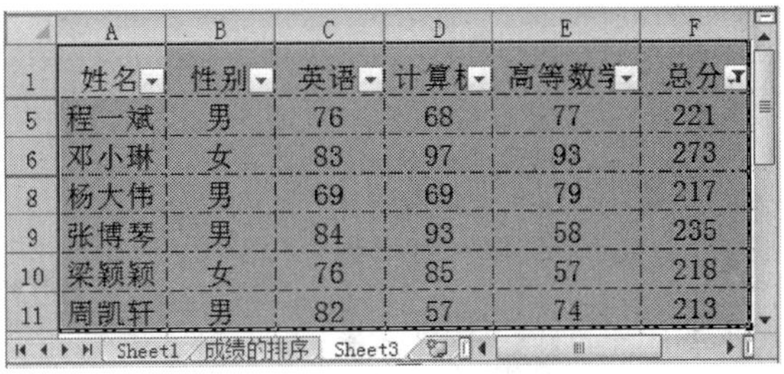　　　　　图 4-3-7 "总分"字段筛选的结果

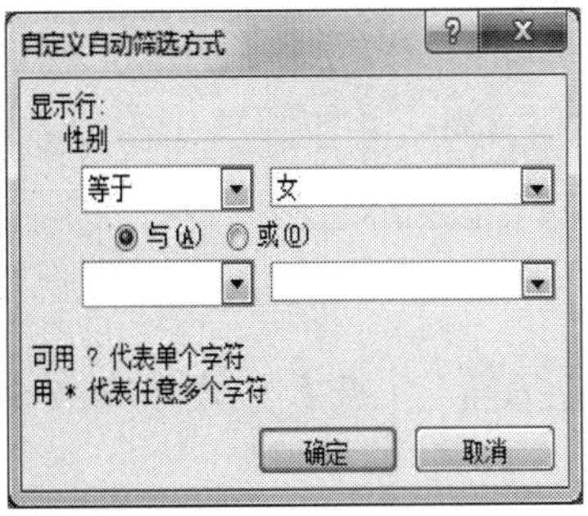

图 4-3-8 "性别"字段的筛选　　　　　图 4-3-9 双重筛选结果

步骤 2：按前述方法将 Sheet1 数据表中的数据复制到当前的新数据表中。

步骤 3：选中"性别"列任意单元格，切换至"数据"选项卡的"排序和筛选"组中，单击升序按钮，实现数据表按性别分类排列。

步骤 4：选中当前数据表中的任意单元格，在"数据"选项卡的"分级显示"组中单击"分类汇总"按钮，打开"分类汇总"对话框。

步骤 5：在"分类字段"列表框中选择"性别"选项，在"汇总方式"列表框中选择"平均值"，在"选定汇总项"列表框中撤销勾选"总分"复选框，勾选"英语""计算机"和"高等数学"复选框，如图 4-3-10 所示。

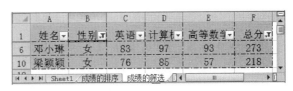

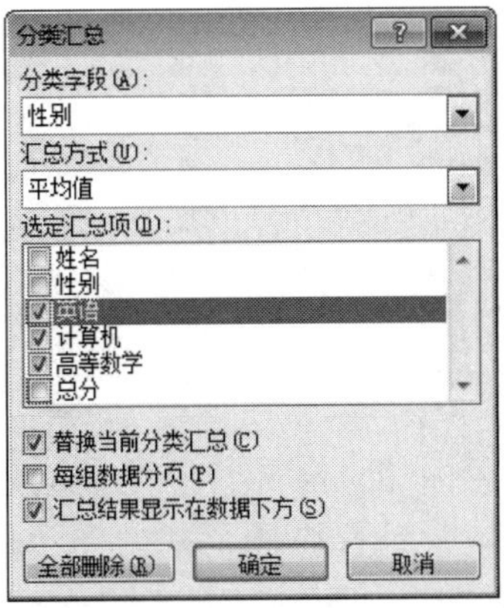

图 4-3-10 "分类汇总"对话框

步骤 4：然后单击“确定”按钮，关闭对话框，数据经过分类汇总后，显示效果如图 4-3-11 所示。

	A	B	C	D	E	F
1	姓名	性别	英语	计算机	高等数学	总分
2	李晓林	男	89	92	70	251
3	程一斌	男	76	68	77	221
4	杨大伟	男	69	69	79	217
5	张博琴	男	84	93	58	235
6	周凯轩	男	82	57	74	213
7		**男 平均值**	80.0	75.8	71.6	
8	陈 菲	女	87	80	76	243
9	张 丽	女	93	87	81	261
10	邓小琳	女	83	97	93	273
11	杨 莉	女	77	85	88	250
12	梁颖颖	女	76	85	57	218
13		**女 平均值**	83.2	86.8	79.0	
14		**总计平均值**	81.6	81.3	75.3	

Sheet1 / 成绩的排序 / 成绩的筛选 / 成绩的分类汇总

图 4-3-11 分类汇总效果

说明：单击分类汇总数据表左上角的控制按钮 1 2 3 ，数据表中的数据将分级显示。

实验项目 4.3.2 为图书销售数据创建数据透视表

任务描述

进入“上篇—实验指导\实验指导素材库\实验 4\实验 4.3”文件夹，打开“某图书销售公司销售图书_原始数据.xlsx”文档，该文档中“图书销售情况表”部分数据如图 4-3-12 所示，要求对数据清单的内容建立数据透视表，按行为“图书类别”，列为“经销部门”，数据为“销售额”求和布局，并置于该数据表的 H2:L7 单元格区域，工作表名不变，最后以“某图

	A	B	C	D	E	F
1	某图书销售公司销售情况表					
2	经销部门	图书类别	季度	数量(册)	销售额(元)	销售量排名
3	第3分部	计算机类	3	124	8680	42
4	第3分部	少儿类	2	321	9630	20
5	第1分部	社科类	2	435	21750	5
6	第2分部	计算机类	2	256	17920	26
7	第2分部	社科类	1	167	8350	40
8	第3分部	计算机类	4	157	10990	41
9	第1分部	计算机类	4	187	13090	38
10	第3分部	社科类	4	213	10650	32
11	第2分部	计算机类	4	196	13720	36
12	第2分部	社科类	4	219	10950	30
13	第2分部	计算机类	3	234	16380	28
14	第2分部	计算机类	1	206	14420	35
15	第2分部	社科类	2	211	10550	34
16	第3分部	社科类	3	189	9450	37
17	第2分部	少儿类	1	221	6630	29

图书销售情况表 / Sheet2 / Sheet3

图 4-3-12 “图书销售情况表”部分数据

书销售公司销售图书_处理结果.xlsx"为文件名保存于自己的文件夹中。设计样例如图 4-3-13 所示,也可打开"某图书销售公司销售图书_处理结果(样张).xlsx"文档查看。

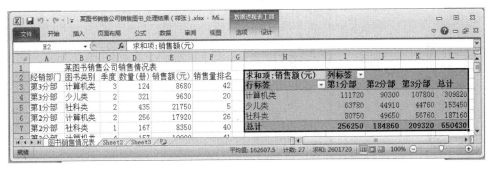

图 4-3-13 设计样例

操作提示

步骤 1:进入实验 4.3 文件夹,双击"某图书销售公司销售图书_原始数据.xlsx"文档,选中数据表中的任意单元格,在"插入"选项卡的"表格"组中单击"数据透视表"按钮,如图 4-3-14 所示,在下拉列表中选择"数据透视表"选项,打开"创建数据透视表"对话框。

步骤 2:在"请选择要分析的数据"栏,选中"选择一个表或区域"单选按钮,此时在"表/区域"文本框中已选中需要创建数据透视表的数据(步骤 1 已选)。

步骤 3:在"选择放置数据透视表的位置"栏,选中"现有工作表"单选按钮,然后在"位置"文本框输入或选中放置数据透视表的区域,这里是"H2:L7"单元格区域,如图 4-3-15 所示;然后单击"确定"按钮,弹出"数据透视表字段列表"任务窗格。

图 4-3-14 "数据透视表"下拉列表

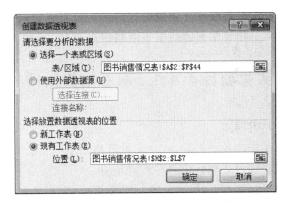

图 4-3-15 "创建数据透视表"对话框

步骤 4:在任务窗格中,分别拖动字段名"图书类别""经销部门"和"销售额"到"行标签"栏、"列标签"栏和求和"∑"栏,如图 4-3-16 所示。最后单击任务窗格右上角的关闭按钮,完成数据透视表的创建。

步骤 5:将文档以"某图书销售公司销售图书_处理结果.xlsx"为文件名保存于自己的文件夹中。

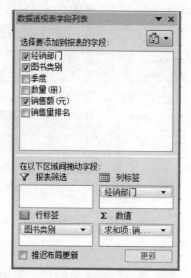

图 4-3-16　数据透视表字段列表

实验 4.4　数据的综合分析与处理

实验目的

（1）进一步掌握工作表的格式化操作。

（2）进一步掌握数据的计算与创建复杂图表的方法。

（3）掌握在数据表中引用复杂函数完成数据的计算、查询、分析与统计。

（4）熟练掌握跨数据表的数据操作。

实验项目 4.4.1　图书销售数据的分析与统计

任务描述

小李今年毕业后，在一家计算机图书销售公司担任市场部助理，主要的工作职责是为部门经理提供销售信息分析和汇总。

具体操作：进入"上篇—实验指导\实验指导素材库\实验 4\实验 4.4"文件夹中，打开"图书销售情况_原始数据.xlsx"文档，该文档中"订单明细表"部分数据如图 4-4-1 所示，请根据销售数据报表，按照如下要求完成分析和统计工作，最后以"图书销售情况_分析和统计结果.xlsx"为文件名保存于自己的文件夹中。设计样例如图 4-4-2 所示，也可打开"图书销售情况_分析和统计结果（样张）.xlsx"文档查看。

（1）请对"订单明细"工作表进行格式调整，通过"套用表格格式"方法将所有的销售记录调整为一致的外观格式，并将"单价"列和"小计"列所包含的单元格调整为"会计专用"（人民币）数字格式。

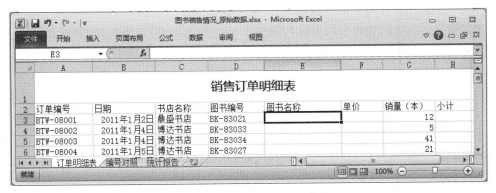

图 4-4-1 "订单明细表"部分数据

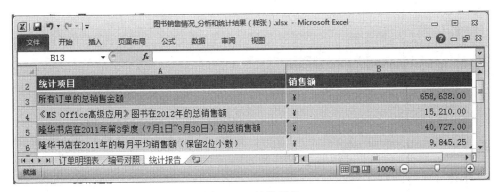

图 4-4-2 统计报告

（2）根据图书编号，请在"订单明细"工作表的"图书名称"列中，用 VLOOKUP 函数完成图书名称的自动填充。"图书名称"和"图书编号"的对应关系在"编号对照"工作表中。

（3）根据图书编号，请在"订单明细"工作表的"单价"列中，使用 VLOOKUP 函数完成图书单价的自动填充。"单价"和"图书编号"的对应关系在"编号对照"工作表中。

（4）在"订单明细"工作表的"小计"列中，计算每笔订单的销售额。

（5）根据"订单明细"工作表中的销售数据，统计所有订单的总销售金额，并将其填写在"统计报告"工作表的 B3 单元格中。

（6）根据"订单明细"工作表中的销售数据，统计《Ms Office 高级应用》图书在 2012 年的总销售额，并将其填写在"统计报告"工作表的 B4 单元格中。

（7）根据"订单明细"工作表中的销售数据，统计隆华书店在 2011 年第 3 季度的总销售额，并将其填写在"统计报告"工作表的 B5 单元格中。

（8）根据"订单明细"工作表中的销售数据，统计隆华书店在 2011 年的每月平均销售额（保留两位小数），并将其填写在"统计报告"工作表的 B6 单元格中。

操作提示

进入实验 4.4 文件夹中，打开"图书销售情况_原始数据.xlsx"文档。

（1）对"订单明细"工作表进行格式调整。

步骤1：选中工作表中的 A2：H636 单元格区域，在"开始"选项卡的"样式"组中单击"套用表格格式"按钮，在弹出的下拉列表中选择一种表样式，这里选择"表样式浅色 10"选项，如图 4-4-3 所示，弹出"套用表格式"对话框，如图 4-4-4 所示，保留默认设置后单击"确定"按钮即可。

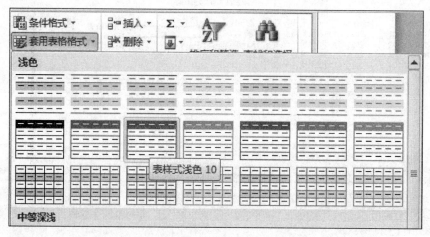

图 4-4-3　设置表样式

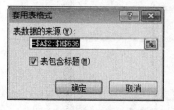

图 4-4-4　"套用表格式"对话框

步骤2：选中"单价"列和"小计"列，右击鼠标，在弹出的快捷菜单中选择"设置单元格格式"命令，继而弹出"设置单元格格式"对话框。在"数字"选项卡下的"分类"组中选择"会计专用"命令，然后单击"货币符号（国家/地区）"下拉列表选择"CNY"，如图 4-4-5 所示。格式化设置效果如图 4-4-6 所示。

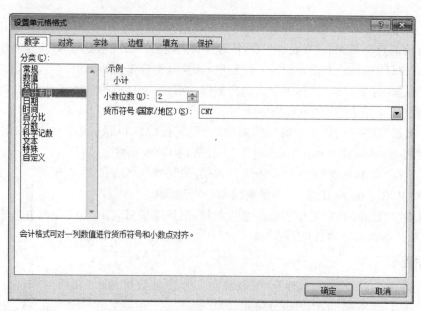

图 4-4-5　设置"单价"列和"小计"列的数据格式为会计专用

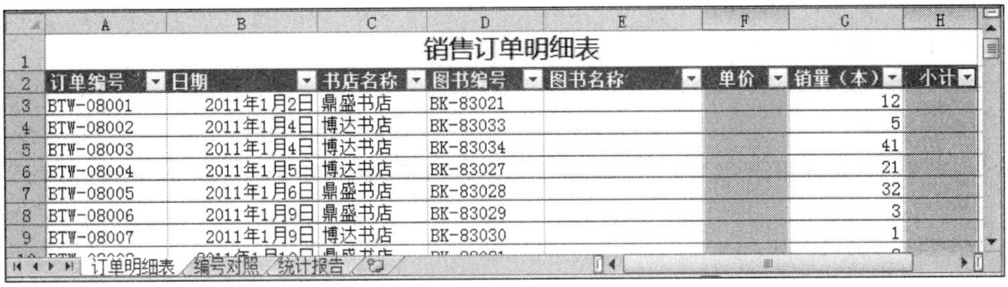

	A	B	C	D	E	F	G	H
1	销售订单明细表							
2	订单编号	日期	书店名称	图书编号	图书名称	单价	销量（本）	小计
3	BTW-08001	2011年1月2日	鼎盛书店	BK-83021			12	
4	BTW-08002	2011年1月4日	博达书店	BK-83033			5	
5	BTW-08003	2011年1月4日	博达书店	BK-83034			41	
6	BTW-08004	2011年1月5日	博达书店	BK-83027			21	
7	BTW-08005	2011年1月6日	鼎盛书店	BK-83028			32	
8	BTW-08006	2011年1月9日	鼎盛书店	BK-83029			3	
9	BTW-08007	2011年1月9日	博达书店	BK-83030			1	

图 4-4-6 对“订单明细表”进行格式调整后的效果

(2) 用 VLOOKUP 函数完成图书名称的自动填充。

步骤 1：在“订单明细表”的 E3 单元格中输入“=VLOOKUP(D3,编号对照!$A$3:$C$19,2,FALSE)”，按 Enter 键完成订单编号为“BTW-08001”的图书名称自动填充，如图 4-4-7 所示。

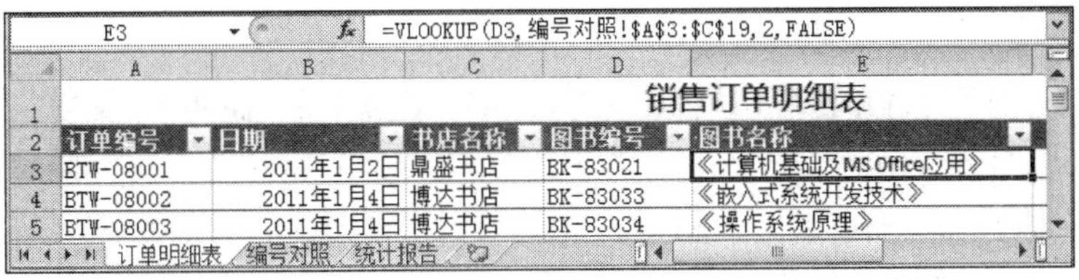

E3 =VLOOKUP(D3,编号对照!$A$3:$C$19,2,FALSE)

	A	B	C	D	E
1	销售订单明细表				
2	订单编号	日期	书店名称	图书编号	图书名称
3	BTW-08001	2011年1月2日	鼎盛书店	BK-83021	《计算机基础及MS Office应用》
4	BTW-08002	2011年1月4日	博达书店	BK-83033	《嵌入式系统开发技术》
5	BTW-08003	2011年1月4日	博达书店	BK-83034	《操作系统原理》

图 4-4-7 用 VLOOKUP 函数完成图书名称的自动填充

步骤 2：拖动 E3 单元格右下角的复制柄到 E636 单元格，完成所有订单编号的图书名称填充。

(3) 用 VLOOKUP 函数完成图书单价的自动填充。

步骤 1：在“订单明细表”的 F3 单元格中输入“=VLOOKUP(D3,编号对照!$A$3:$C$19,3,FALSE)”，按 Enter 键完成订单编号为“BTW-08001”的图书单价的自动填充，如图 4-4-8 所示。

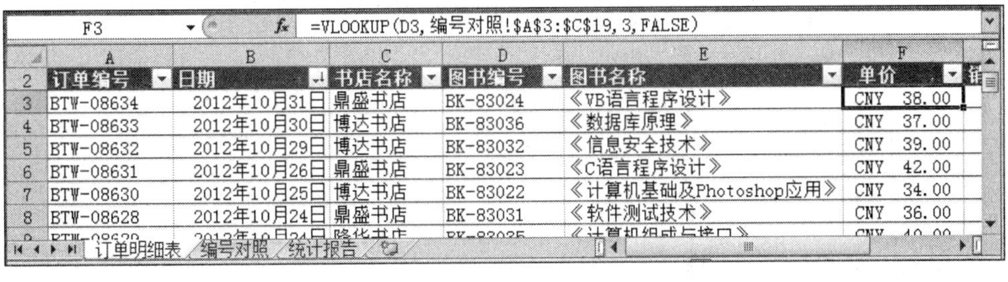

F3 =VLOOKUP(D3,编号对照!$A$3:$C$19,3,FALSE)

	A	B	C	D	E	F
2	订单编号	日期	书店名称	图书编号	图书名称	单价
3	BTW-08634	2012年10月31日	鼎盛书店	BK-83024	《VB语言程序设计》	CNY 38.00
4	BTW-08633	2012年10月30日	博达书店	BK-83036	《数据库原理》	CNY 37.00
5	BTW-08632	2012年10月29日	博达书店	BK-83032	《信息安全技术》	CNY 39.00
6	BTW-08631	2012年10月26日	鼎盛书店	BK-83023	《C语言程序设计》	CNY 42.00
7	BTW-08630	2012年10月25日	博达书店	BK-83022	《计算机基础及Photoshop应用》	CNY 34.00
8	BTW-08628	2012年10月24日	鼎盛书店	BK-83031	《软件测试技术》	CNY 36.00

图 4-4-8 用 VLOOKUP 函数完成图书单价的自动填充

步骤 2：拖动 F3 单元格右下角的复制柄到 F636 单元格，完成所有订单编号的图书单价填充。

(4) 在“订单明细表”的“小计”列中计算每笔订单的销售额。

步骤 1：在“订单明细表”的 H3 单元格中输入“=F3 * G3”，按 Enter 键完成订单编号为“BTW-08001”的销售额计算。

步骤2：拖动 H3 单元格右下角的复制柄到 H636 单元格，完成全部订单销售额的计算，如图 4-4-9 所示。

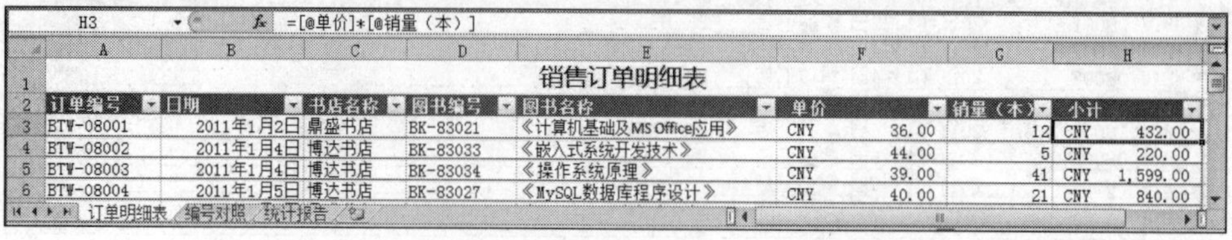

图 4-4-9　根据单价和销量计算每笔订单的销售额

（5）统计所有订单的总销售金额，并将其填写在"统计报告"工作表的 B3 单元格中。

步骤1：在"统计报告"工作表中的 B3 单元格输入"＝SUM（订单明细表！H3：H636）"，按 Enter 键后完成销售额的自动填充，如图 4-4-10 所示。

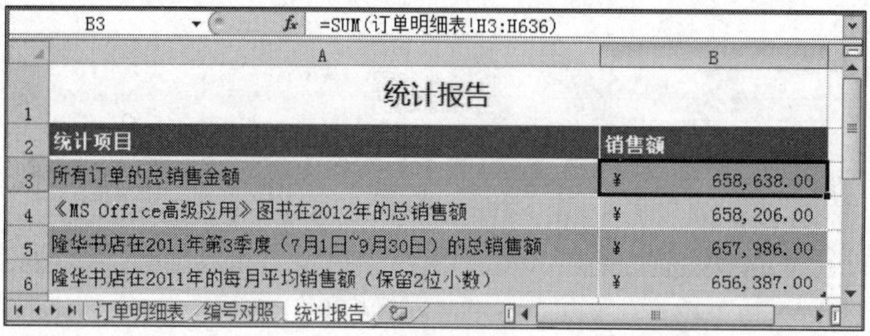

图 4-4-10　统计所有订单的总销售金额

步骤2：分别单击选中 B4、B5 和 B6 单元格右下角的填充柄，然后向内拖动清除单元格数据，效果如图 4-4-11 所示。

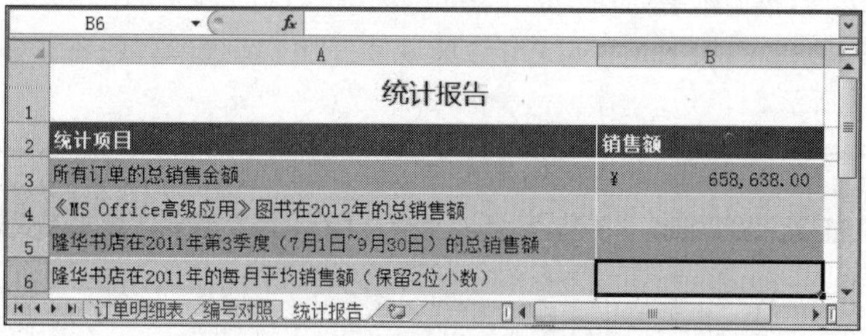

图 4-4-11　清除 B3：B6 单元格区域的填充数据

（6）统计《Ms Office 高级应用》图书在 2012 年的总销售额，并将其填写在"统计报告"工作表的 B4 单元格中。

步骤1：在"订单明细表"工作表中，右击"日期"单元格，在弹出的快捷菜单中选择"排序"→"降序"命令。

步骤2：切换至"统计报告"工作表，在 B4 单元格中输入"＝SUMPRODUCT（1＊（订单细表！E3：E262＝"《MS Office 高级应用》"），订单明细表！H3：H262）"，按 Enter 键确认。B4 单元格的填写效果如图 4-4-12 所示。

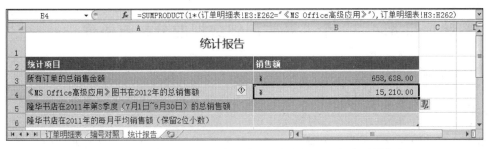

图 4-4-12　统计《Ms Office 高级应用》图书在 2012 年的总销售额

（7）统计隆华书店在 2011 年第 3 季度的总销售额，并将其填写在"统计报告"工作表的 B5 单元格中。

步骤 1：在"统计报告"工作表的 B5 单元格中输入"＝SUMPRODUCT(1 ＊(订单明细表!C350:C461＝"隆华书店")，订单明细表!H350:H461)"。

步骤 2：按 Enter 键确认，B5 单元格的填写效果如图 4-4-13 所示。

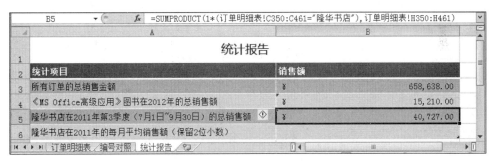

图 4-4-13　统计隆华书店在 2011 年第 3 季度的总销售额

（8）统计隆华书店在 2011 年的每月平均销售额（保留两位小数），并将其填写在"统计报告"工作表的 B6 单元格中。

步骤 1：在"统计报告"工作表的 B6 单元格中输入"＝SUMPRODUCT(1 ＊(订单明细表!C263:C636＝"隆华书店")，订单明细表!H263:H636)/12"。

步骤 2：按 Enter 键确认，然后设置该单元格格式保留两位小数。B6 单元格的填写效果如图 4-4-14 所示。

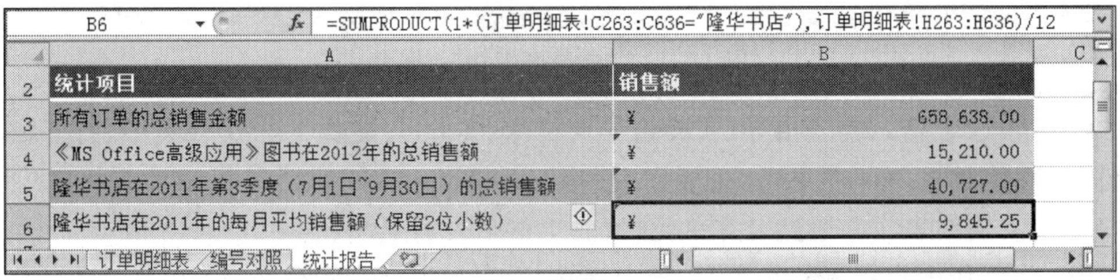

	A	B	C
	统计项目	销售额	
3	所有订单的总销售金额	￥ 658,638.00	
4	《MS Office高级应用》图书在2012年的总销售额	￥ 15,210.00	
5	隆华书店在2011年第3季度（7月1日~9月30日）的总销售额	￥ 40,727.00	
6	隆华书店在2011年的每月平均销售额（保留2位小数）	￥ 9,845.25	

图 4-4-14　统计隆华书店在 2011 年的每月平均销售额（保留两位小数）

（9）文档的保存。

最后将文档以"图书销售情况_分析和统计结果.xlsx"为文件名保存于自己的文件夹中。

实验项目 4.4.2 个人开支明细数据的分析与整理

任务描述

小赵是一名参加工作不久的大学生。他习惯使用 Excel 表格来记录每月的个人开支情况，在 2013 年年底，小赵将每月各类支出的明细数据录入了文件名为“开支明细表_原始数据.xlsx”的 Excel 工作簿文档中。请根据下列要求帮助小赵对明细表进行整理和分析，最后以“开支明细表_分析整理结果.xlsx”为文件名保存于文件夹中。开支明细表原始数据如图 4-4-15 所示，设计样例如图 4-4-16 和图 4-4-17 所示，也可打开“开支明细表_分析整理结果(样张).xlsx”文档查看。

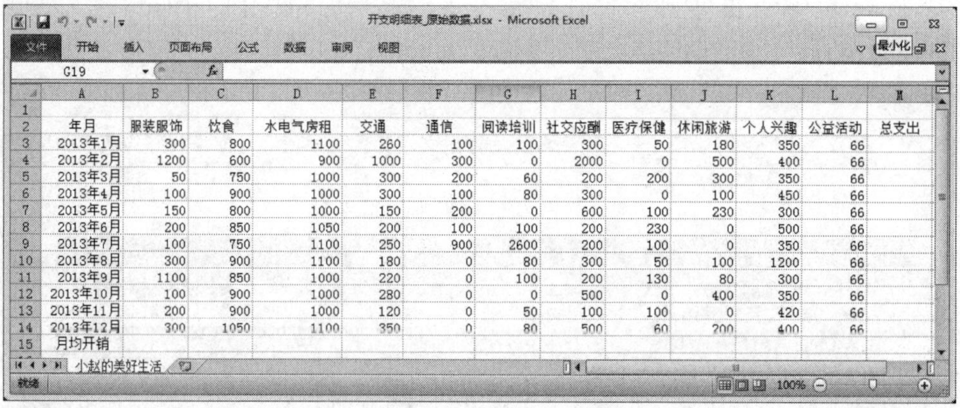

年月	服装服饰	饮食	水电气房租	交通	通信	阅读培训	社交应酬	医疗保健	休闲旅游	个人兴趣	公益活动	总支出
2013年1月	300	800	1100	260	100	100	300	50	180	350	66	
2013年2月	1200	600	900	1000	300	0	2000	0	500	400	66	
2013年3月	50	750	1000	300	200	60	200	200	300	350	66	
2013年4月	100	900	1000	300	100	80	300	0	100	450	66	
2013年5月	150	800	1000	150	200	0	600	100	230	300	66	
2013年6月	200	850	1050	200	100	100	200	230	0	500	66	
2013年7月	100	750	1100	250	900	2600	200	100	0	350	66	
2013年8月	300	900	1100	180	0	80	300	50	100	1200	66	
2013年9月	1100	850	1000	220	0	100	200	130	80	300	66	
2013年10月	100	900	1000	280	0	0	500	0	400	350	66	
2013年11月	200	900	1000	120	0	50	100	100	0	420	66	
2013年12月	300	1050	1100	350	0	80	500	60	200	400	66	
月均开销												

图 4-4-15 开支明细表原始数据

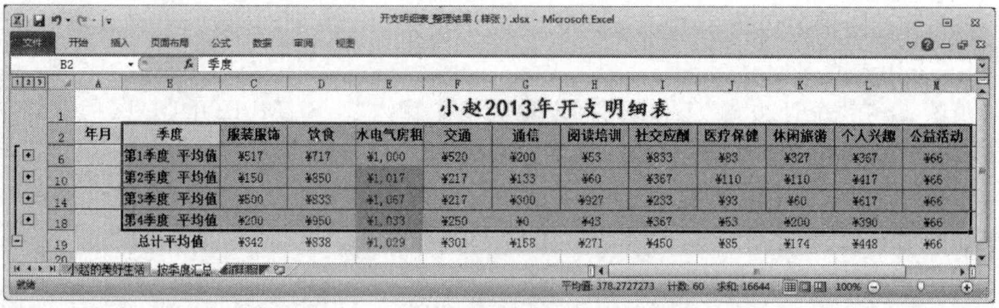

小赵2013年开支明细表

年月	季度	服装服饰	饮食	水电气房租	交通	通信	阅读培训	社交应酬	医疗保健	休闲旅游	个人兴趣	公益活动
	第1季度 平均值	¥517	¥717	¥1,000	¥520	¥200	¥53	¥833	¥83	¥327	¥367	¥66
	第2季度 平均值	¥150	¥850	¥1,017	¥217	¥133	¥60	¥367	¥110	¥110	¥417	¥66
	第3季度 平均值	¥500	¥833	¥1,067	¥217	¥300	¥927	¥233	¥93	¥60	¥617	¥66
	第4季度 平均值	¥200	¥950	¥1,033	¥250	¥0	¥43	¥367	¥53	¥200	¥390	¥66
	总计平均值	¥342	¥838	¥1,029	¥301	¥158	¥271	¥450	¥85	¥174	¥448	¥66

图 4-4-16 “按季度汇总”数据表

(1) 进入“上篇—实验指导\实验指导素材库\实验 4\实验 4.4”文件夹中，打开“开支明细表_原始数据.xlsx”文档，在工作表“小赵的美好生活”的第一行添加表标题“小赵 2013 年开支明细表”，并通过合并单元格，放于整个表的上端、居中。

(2) 将工作表应用一种主题，并增大字号，适当加大行高和列宽，设置居中对齐方式，除表标题“小赵 2013 年开支明细表”外为工作表分别增加恰当的边框和底纹，以使工作表更加美观。

(3) 将每月各类支出及总支出对应的单元格数据类型都设为“货币”类型，无小数、有

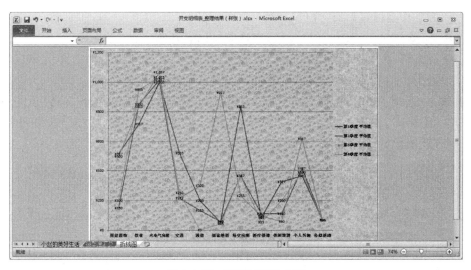

图 4-4-17　"折线图"数据表

人民币货币符号。

（4）通过函数计算每个月的总支出、各个类别月均支出、每月平均总支出，并按每个月总支出升序对工作表进行排序。

（5）利用"条件格式"功能：将月单项开支金额中大于 1000 元的数据所在单元格以不同的字体颜色与填充颜色突出显示；将月总支出额中大于月均总支出 110％的数据所在单元格以另一种颜色显示，所用颜色深浅以不遮挡数据为宜。

（6）在"年月"与"服装服饰"列之间插入新列"季度"，数据根据月份由函数生成，例如，1～3 月对应"1 季度"，4～6 月对应"2 季度"。

（7）复制工作表"小赵的美好生活"，将副本放置到原表右侧；改变该副本表标签的颜色，并重命名为"按季度汇总"；删除"月均开销"对应行。

（8）通过分类汇总功能，按季度升序求出每个季度各类开支的月均支出金额。

（9）在"按季度汇总"工作表后面新建名为"折线图"的工作表，在该工作表中以分类汇总结果为基础，创建一个带数据标记的折线图，水平轴标签为各类开支，对各类开支的季度平均支出进行比较，给每类开支的最高季度月均支出值添加数据标签。

操作提示

（1）合并单元格并输入表标题。

步骤 1：进入"上篇—实验指导\实验指导素材库\实验 4\实验 4.4"文件夹中，打开"开支明细表_原始数据.xlsx"文档。

步骤 2：在"小赵的美好生活"工作表中选择 A1:M1 单元格区域。

步骤 3：在"开始"选项卡的"对齐方式"组中单击"合并后居中"按钮，在弹出的下拉列表中再次选择"合并后居中"选项，然后输入"小赵 2013 年开支明细表"文字，按 Enter 键完成输入，并设置为楷体、20 磅、加粗、深红色字体。

（2）对工作表进行格式化。

步骤 1：选择工作表标签，单击鼠标右键，在弹出的快捷菜单中选择"工作表标签颜色"命令,为工作表标签添加"橙色"主题。

步骤2:选择A1:M1单元格区域,切换至"开始"选项卡的"单元格"组中,通过单击"格式"下拉按钮,将"行高"设置为30,"列宽"设置为10。选择A2:M15单元格区域,将"字号"设置为12,"行高"设置为20。将A2:M2单元区域的字形加粗。

步骤3:选择A2:M15单元格区域,切换至"开始"选项卡的"对齐方式"组中,单击"设置单元格格式:对齐方式"按钮,打开"设置单元格格式"对话框,在"对齐"选项卡下将"水平对齐""垂直对齐"均设置为"居中",如图4-4-18所示。

图4-4-18　设置单元格居中

步骤4:切换至"边框"选项卡,选择默认线条样式,将颜色设置为"标准色"中的"红色",在"预置"选项组中单击"外边框"和"内部"按钮,如图4-4-19所示。

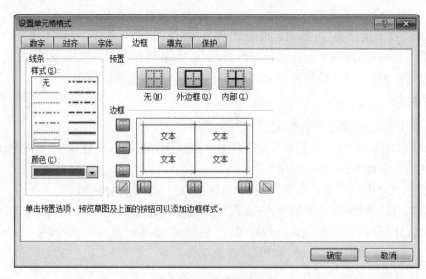

图4-4-19　设置表格边框

步骤5：切换至"填充"选项卡，选择一种背景颜色，此处选择浅绿色，如图4-4-20所示，单击"确定"按钮。

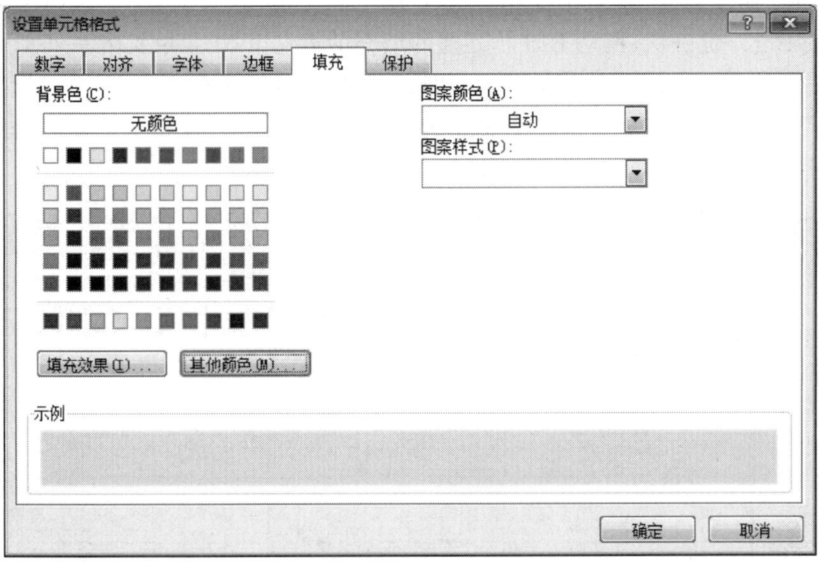

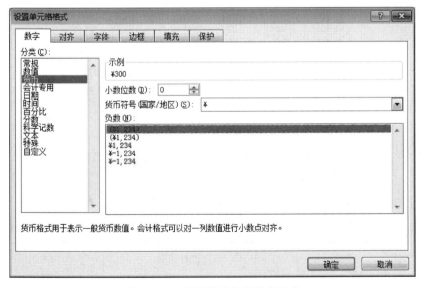

图4-4-20 设置表格填充色

（3）设置各类支出及总支出对应的单元格数据类型。

步骤1：选择B3:M15单元格区域，在选定内容上单击鼠标右键，在弹出的快捷菜单中选择"设置单元格格式"命令。

步骤2：在弹出的"设置单元格格式"对话框中，切换至"数字"选项卡，在"分类"框中选择"货币"，将"小数位数"设置为"0"，确定"货币符号"为人民币符号（默认），单击"确定"按钮，如图4-4-21所示。

图4-4-21 设置单元格的数字格式

（4）计算所列项目及排序。

步骤1：选择M3单元格，输入公式"＝SUM(B3：L3)"后按Enter键确认，拖动M3单元格的填充柄填充至M14单元格；选择B15单元格，输入公式"＝AVERAGE(B3：B14)"后按Enter键确认，拖动B15单元格的填充柄填充至M15单元格。

步骤2：选择A2：M14单元格区域，切换至"数据"选项卡的"排序和筛选"组中，单击"排序"按钮，弹出"排序"对话框，"主要关键字"选择"总支出"，"排序依据"选择"数值"，"次序"选择"升序"，单击"确定"按钮，如图4-4-22所示。

图4-4-22　按月总支出升序排序

（5）利用"条件格式"功能突出显示满足条件的单元格。

步骤1：选择B3：L14单元格区域，切换至"开始"选项卡的"样式"组中，单击"条件格式"下拉按钮，在弹出的下拉列表中选择"突出显示单元格规则"→"大于"选项，如图4-4-23所示，打开"大于"对话框，在"为大于以下值的单元格设置格式"文本框中输入"1000"，使用默认设置"浅红填充色深红色文本"，单击"确定"按钮，如图4-4-24所示。

图4-4-23　"条件格式"下拉列表

图4-4-24　"大于"对话框一

步骤2：选择 M3：M14 单元格区域，切换至"开始"选项卡的"样式"组中，单击"条件格式"下拉按钮，在弹出的下拉列表中选择"突出显示单元格规则"→"大于"选项，打开"大于"对话框，在"为大于以下值的单元格设置格式"文本框中输入"＝＄M＄15＊110％"，设置颜色为"黄填充色深黄色文本"，单击"确定"按钮，如图 4-4-25 所示。

图 4-4-25　"大于"对话框二

（6）在"年月"与"服装服饰"列之间插入新列"季度"，季度值由函数生成。

步骤1：选择 B 列任意单元格，在"开始"选项卡的"单元格"组中单击"插入"下拉按钮，在弹出的下拉列表中选择"插入工作表列"选项，如图 4-4-26 所示，则新插入一列，选择 B2 单元格，输入文本"季度"。

步骤2：选择 B3 单元格，输入"＝"第"＆INT(1＋(MONTH(A3)－1)/3)＆"季度""，按 Enter 键确认，拖动 B3 单元格的填充柄填充至 B14 单元格。

（7）复制工作表，将副本放置到原表右侧。

步骤1：右击"小赵的美好生活"工作表标签处，在弹出的快捷菜单中选择"移动或复制"命令，在弹出的对话框中勾选"建立副本"复选框，在"下列选定工作表之前"中选择"（移至最后）"，单击"确定"按钮，如图 4-4-27 所示。

图 4-4-26　"插入"下拉列表

图 4-4-27　移动和复制工作表

步骤2：右击"小赵的美好生活（2）"标签处，在弹出的快捷菜单中选择"工作表标签颜色"命令，为工作表标签添加"红色"主题。

步骤3：右击"小赵的美好生活（2）"标签处，选择"重命名"命令，输入文本"按季度汇总"；选中"按季度汇总"工作表的第 15 行任意单元格，切换至"开始"选项卡的"单元格"组中，单击"删除"下拉按钮，在弹出的下拉列表中选择"删除工作表行"命令，则第 15 行被删除，如图 4-4-28 所示。

（8）按季度分类汇总。

步骤1：选择"按季度汇总"工作表，选中"季度"列任意单元格，在"数据"选项卡的"排序和筛选"组中单击"升序"按钮。

步骤2：选中A2:N14单元格区域，切换至"数据"选项卡的"分级显示"组中，单击"分类汇总"按钮，打开"分类汇总"对话框，在"分类字段"中选择"季度"，在"汇总方式"中选择"平均值"，在"选定汇总项"中不勾选"年月""季度""总支出"，其余全选，单击"确定"按钮，如图4-4-29所示。

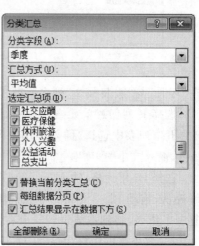

图4-4-28　删除工作表行　　　　　　　　图4-4-29　"分类汇总"对话框

（9）新建名为"折线图"的工作表，创建一个带数据标记的折线图。

步骤1：单击"按季度汇总"工作表左上角的标签数字"2"（在全选按钮左侧），如图4-4-30所示。图中仅显示每个季度平均值和总计平均值。

		A	B	C	D	E	F	G
6			第1季度 平均值	¥517	¥717	¥1,000	¥520	¥200
10			第2季度 平均值	¥150	¥850	¥1,017	¥217	¥133
14			第3季度 平均值	¥500	¥833	¥1,067	¥217	¥300
18			第4季度 平均值	¥200	¥950	¥1,033	¥250	¥0
19			总计平均值	¥342	¥838	¥1,029	¥301	¥158

图4-4-30　每个季度平均值和总计平均值

步骤2：选中B2:M18单元格区域，切换至"插入"选项卡的"图表"组中，单击"折线图"下拉按钮，在弹出的下拉列表中选择"带数据标记的折线图"，如图4-4-31所示。生成的初始化图表如图4-4-32所示。

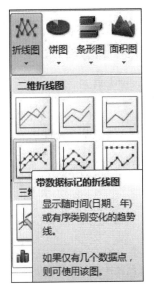

图 4-4-31　"折线图"下拉列表

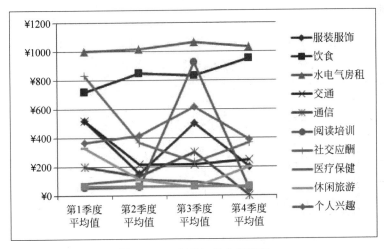

图 4-4-32　创建初始化折线图

步骤 3：选择图表，切换至"图表工具—设计"选项卡的"数据"组中，单击"切换行/列"按钮，将图例转换成每个季度平均值，如图 4-4-33 和图 4-4-34 所示。

图 4-4-33　"图表工具—设计"选项卡的"数据"组

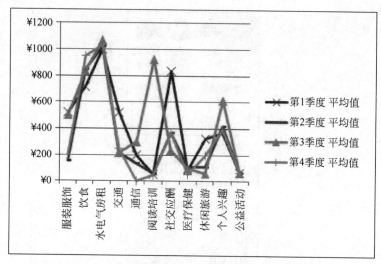

图 4-4-34　将图例转换成每个季度平均值后的显示效果

　　步骤 4：切换至"图表工具—格式"选项卡的"形状样式"组中，单击"形状填充"按钮，在弹出的下拉列表中选择"纹理"→"花束"，如图 4-4-35 所示；切换至"图表工具—布局"选项卡的"背景"组中，单击"绘图区"下拉按钮，在弹出的下拉列表中选择"其他绘图区选项"，如图 4-4-36 所示，在打开的"设置绘图区格式"对话框的左侧框中选择"填充"选项，右侧"填充"框中选中"图片或纹理填充"单选按钮，然后单击"纹理"下拉按钮，在弹出的下拉列表中选择"水滴"选项，如图 4-4-37 所示。

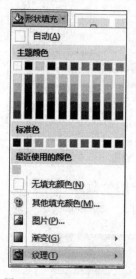

图 4-4-35　设置形状填充

图 4-4-36　"绘图区"下拉列表

　　步骤 5：在图表上单击鼠标右键，在弹出的快捷菜单中选择"移动图表"命令，弹出"移动图表"对话框，选中"新工作表"单选按钮，输入工作表名称"折线图"，单击"确定"按钮，如图 4-4-38 所示。

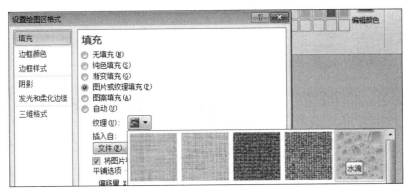

图 4-4-37　对绘图区设置"纹理"→"水滴"填充

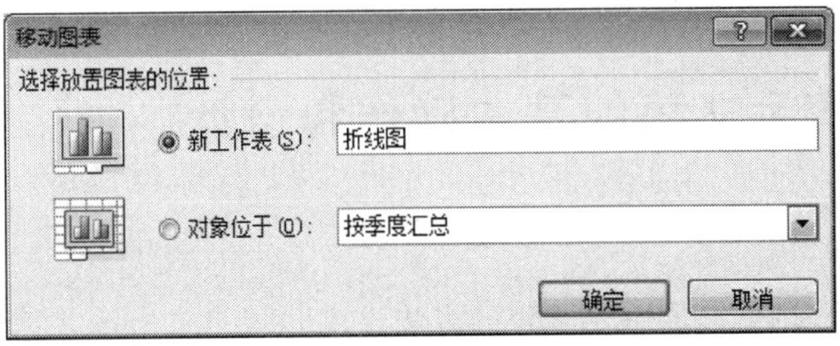

图 4-4-38　新建"折线图"工作表

步骤 6：选择"折线图"工作表标签，单击鼠标右键，在弹出的快捷菜单中选择"工作表标签颜色"命令，为工作表标签添加"蓝色"主题；在标签处单击鼠标右键，选择"移动或复制"命令，弹出"移动或复制工作表"对话框，在"下列选定工作表之前"中选择"（移至最后）"，单击"确定"按钮，如图 4-4-39 所示。

步骤 7：选中图表，切换至"图表工具—布局"选项卡的"标签"组中，单击"数据标签"下拉按钮，在弹出的下拉列表中选择"居中"选项，如图 4-4-40 所示。

图 4-4-39　"移动或复制工作表"对话框

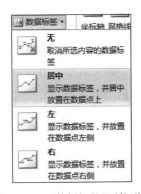

图 4-4-40　"数据标签"下拉列表

（10）保存文档。

全部操作完成后，以"开支明细表_分析整理结果.xlsx"为文件名保存于自己的文件夹中。

实验 5

PowerPoint 2010
演示文稿软件操作

实验 5.1 演示文稿的基本操作和设计

【实验目的】

（1）掌握新建、保存、打开演示文稿的方法。

（2）掌握插入、删除、移动、复制幻灯片的方法。

（3）学会选择恰当的幻灯片版式；学会应用主题和模板；能熟练地进行文本的输入与编辑；掌握设置幻灯片背景的方法。

（4）掌握插入剪贴画、图片、自选图形等常见多媒体信息的方法。

（5）掌握设置幻灯片切换效果、自定义动画和应用超链接的方法。

（6）学会设置演示文稿的放映方式并熟练掌握放映演示文稿的方法。

实验项目 5.1.1 设计制作张三的个人简历—静态演示文稿

任务描述

按图 5-1-1 所示的设计样例设计制作一个演示文稿，最后以"张三的个人简历—静态演示文稿.pptx"为文件名保存于自己的文件夹中。设计所需图片、文字和表格素材均保存于"实验指导素材库\实验 5\实验 5.1"文件夹中，如果要详知设计样例可在实验 5.1 文件夹下打开"张三的个人简历—静态演示文稿（样张）.pptx"文档查看。

操作提示

（1）新建一个演示文稿，要求应用一种主题或设置一种背景。

步骤 1：启动 PowerPoint 2010 后，系统一般会自动新建一个空白演示文稿，名为"演示文稿 1"。

步骤 2：按设计样例要求需要设置一种背景，单击"设计"选项卡，在"背景"组中单击"设置背景格式"按钮，打开"设置背景格式"对话框，在左边栏中选择"填充"选项（默认选

图 5-1-1　"静态演示文稿"设计样例

择），在右边"填充"栏中选中"图片或纹理填充"单选按钮，再选择"纹理"→"花束"，如图 5-1-2 所示。

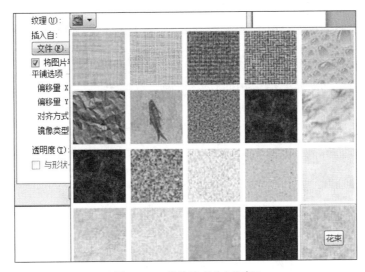

图 5-1-2　背景填充为"花束"

步骤 3：单击"全部应用"按钮，再单击"关闭"按钮，即可实现全部幻灯片设置为"花束"背景，如图 5-1-3 所示。

（2）首末两张幻灯片的"标题"均为同一种样式的艺术字，"副标题"字体均为隶书、36磅、加粗、深蓝色。

分析：首末幻灯片只有标题和副标题，所以均需插入"标题幻灯片"版式的幻灯片。

步骤 1：新建的演示文稿默认有一张标题幻灯片，请在标题占位符中输入文字"个人简历"，副标题占位符中输入"——张三"。

步骤 2：选中标题文字"个人简历"，切换至"插入"选项卡的"文本"组中，单击"艺术

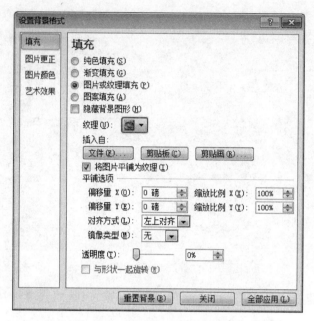

图 5-1-3 "设置背景格式"对话框

字"按钮,在弹出的下拉列表中选择第 4 行第 2 列艺术字样式,如图 5-1-4 所示。

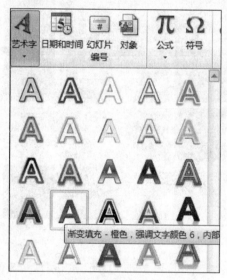

图 5-1-4 选择艺术字样式

步骤 3：删除原标题占位符及文字。选中艺术字,单击"绘图工具—格式"选项卡,在"艺术字样式"组中单击"文本效果"按钮,在弹出的下拉列表中选择"转换"→"倒 V 形"选项,如图 5-1-5 所示。

步骤 4：选中艺术字,适当调整其大小和位置；选中副标题文字,将其字体设置为隶书、36 磅、加粗、深蓝色。

步骤 5：切换至"开始"选项卡的"幻灯片"组中,单击"新建幻灯片"按钮,在弹出的下

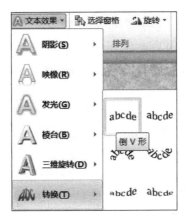

图 5-1-5　"文本效果"下拉列表一

拉列表中选择"标题幻灯片"选项,即可新插入一张幻灯片,如图 5-1-6 所示。

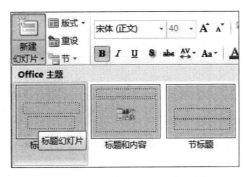

图 5-1-6　"新建幻灯片"下拉列表

步骤 6:按照前述方法将标题文字"谢谢大家"设置为同样的艺术字样式,只是在"文本效果"下拉列表中选择"转换"→"下弯弧"选项,如图 5-1-7 所示,适当调整艺术字大小和位置。

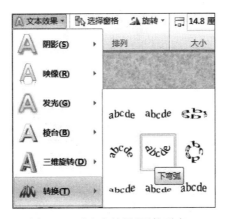

图 5-1-7　"文本效果"下拉列表二

步骤 7：在副标题占位符中输入"单击此处给我发邮件"并设置为隶书、36 磅、加粗、深蓝色。

（3）按设计样例制作第 2 张幻灯片。

分析：第 2 张幻灯片包含标题、横排文本和剪贴画，所以需插入"标题和内容"版式的幻灯片。

步骤 1：选中第 1 张幻灯片，切换至"开始"选项卡的"幻灯片"组中，单击"新建幻灯片"按钮，在弹出的下拉列表中选择"标题和内容"选项，则插入一张新幻灯片，如图 5-1-8 所示。

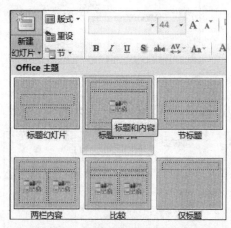

图 5-1-8　插入"标题和内容"幻灯片

步骤 2：在标题占位符中输入"个人简历"并将字体设置为华文行楷、48 磅、加粗、红色。

步骤 3：在文本占位符中输入"基本资料、学习经历、外语和计算机水平、自我评价"并分为 4 行，每行为一段，将字体设置为楷体、32 磅、加粗、深蓝色，行距为"1.5 倍行距"；添加如图 5-1-9 所示项目符号。

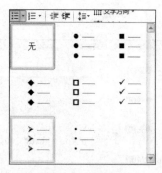

图 5-1-9　添加项目符号

步骤 4：适当调整文本占位符大小和位置。切换至"插入"选项卡的"图像"组中，单击"剪贴画"按钮，如图 5-1-10 所示，弹出"剪贴画"任务窗格，在"搜索文字"文本框中输入"科技"，在"结果类型"下拉列表框中选择"所有媒体文件类型"选项并勾选"包括 Office.com 内容"复选框；然后单击"搜索"按钮，在搜索结果显示区单击所需图形即可插入幻灯片中,如图5-1-11所示。

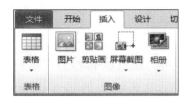

图5-1-10　"图像"组　　　　　　图5-1-11　"剪贴画"任务窗格

(4) 按设计样例制作第3张幻灯片。

分析:第3张幻灯片包含标题和表格,所以仍需插入"标题和内容"版式的幻灯片。

步骤1:插入"标题和内容"版式的幻灯片。

步骤2:在标题占位符中输入"基本资料"并将其设置为华文行楷、48磅、加粗、红色。

步骤3:在文本占位符中单击"插入表格"按钮,如图5-1-12所示。弹出"插入表格"对话框,将"列数"调整为5,"行数"调整为7,单击"确定"按钮,如图5-1-13所示,则插入5列7行的表格。

图5-1-12　单击"插入表格"按钮　　　　图5-1-13　设置5列7行表格

步骤4:选中表格,在"表格工具—设计"选项卡的"表格样式"组中单击"其他"按钮,在弹出的下拉列表中选择"无样式 网格型"选项,如图5-1-14所示。

步骤5:选中E1:E3单元格区域,切换至"表格工具—布局"选项卡的"合并"组中,单击"合并单元格"按钮,如图5-1-15所示。并在合并后的单元格中插入设计样例所示剪贴画,再分别合并D4:E4、B5:E5、B6:E6、B7:E7单元格区域为一个单元格。按设计样例在表格各单元格中输入相应文字并设置字体、字号和颜色。

图 5-1-14　设置表格样式

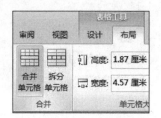

图 5-1-15　"合并"组

（5）按设计样例制作第 4 张幻灯片。

分析：第 4 张幻灯片包含标题、竖排文本和剪贴画，故需要插入"标题和竖排文字"版式的幻灯片。

步骤 1：插入"标题和竖排文字"版式的幻灯片。

步骤 2：在标题占位符中输入文字"学习经历"并设置为华文行楷、48 磅、加粗、红色；在文本占位符中按设计样例复制相应的文字，并将字体设置为楷体、28 磅、深蓝色。

步骤 3：选中文本占位符，调整适当大小并放于幻灯片右边位置，在左边插入相应的剪贴画。

（6）按设计样例和前述方法分别制作第 5 张、第 6 张幻灯片。

（7）以"张三的个人简历—静态演示文稿.pptx"为文件名保存于自己的文件夹中。

实验项目 5.1.2　设计制作张三的个人简历—动态演示文稿

任务描述

进入自己的文件夹找到并打开"张三的个人简历—静态演示文稿.pptx"文件，然后按如下要求设置后以"张三的个人简历—动态演示文稿.pptx"为文件名保存于自己的文件夹中。设计样例如图 5-1-16 所示，也可打开"张三的个人简历—动态演示文稿（样张）.pptx"文档查看。

图 5-1-16　"动态演示文稿"设计样例

（1）给第2张幻灯片设置图片背景替换原来的填充背景，给第3张幻灯片的表格中插入头像替换原来的剪贴画。

以下设置均需放映幻灯片，观察效果。

（2）全部幻灯片的切换效果设置为："覆盖"→"自底部"，无声音、持续时间1秒、单击鼠标时。

（3）所有幻灯片中的对象均要设置动画，动画的类型、效果任选，对象出现的先后顺序为：若为标题幻灯片，则先标题后副标题；若为标题和内容幻灯片，则先标题后文本，再是剪贴画或者先标题后表格，再是剪贴画。

（4）设置超链接，达到的效果为：单击第2张幻灯片中的相应"文本"则跳至相应"标题"的幻灯片，单击该张幻灯片中的"返回"按钮又返回第2张幻灯片；单击第2张幻灯片的动作按钮可跳至末张幻灯片，单击该张幻灯片的动作按钮又返回第2张幻灯片。单击末张幻灯片中的文字"单击此处给我发邮件"可给张三发邮件。张三的邮箱地址是：zhangsan@163.com，发送邮件的主题是：通知。

（5）设置观众自行浏览、循环放映方式。

操作提示

（1）设置图片背景、插入头像。

步骤1：选中第2张幻灯片，切换至"设计"选项卡的"背景"组中，单击"设置背景格式"按钮。

步骤2：在打开的"设置背景格式"对话框中，在左边栏选择"填充"选项（默认选择），在右边栏选择"图片或纹理填充"单选按钮，然后单击"文件"按钮打开"插入图片"对话框，找到并选中所需图片，单击"插入"按钮，最后单击"关闭"按钮关闭对话框，完成图片背景设置，如图5-1-17所示。

图 5-1-17　设置图片背景

步骤 3：选中第 3 张幻灯片，删除表格中的剪贴画，并将光标定位于插入头像处。

步骤 4：切换至"插入"选项卡的"图像"组中，单击"图片"按钮，打开"插入图片"对话框，找到并选中所需图片，单击"打开"按钮，再单击"插入"按钮，图片插入后自动关闭对话框，如图 5-1-18 所示。然后将图片拖动至相应位置，按比例调整到适当大小即可。

图 5-1-18　插入头像

（2）设置幻灯片切换效果。

步骤 1：选中文档中任意一张幻灯片。

步骤 2：在"切换"选项卡的"切换到此幻灯片"组中选择"覆盖"选项，在"效果选项"下拉列表中选择"自底部"，在"计时"组中选择默认选择，即"无声音"、持续时间 1 秒、换片方式：单击鼠标时。

步骤 3：单击"全部应用"按钮，如图 5-1-19 所示。

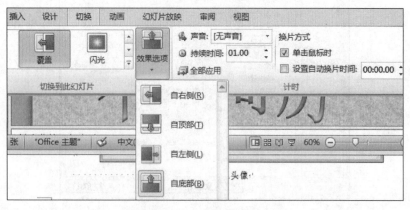

图 5-1-19　设置"切换"效果

（3）设置动画。

步骤1：选中第1张幻灯片中的标题文本，在"动画"选项卡的"动画"组中选择"飞入"选项，在"效果选项"下拉列表中选择"自左下部"，其他为默认选择，如图5-1-20所示。

图 5-1-20 设置标题文本的动画效果

步骤2：选中副标题文本，在"动画"选项卡的"动画"组中选择"缩放"选项，在"效果选项"下拉列表中选择"对象中心"，其他为默认选择，如图5-1-21所示。

图 5-1-21 设置副标题文本的动画效果

分析说明：从图5-1-21可知，副标题文本的动画类型为"缩放"，效果选项为"对象中心"，出现的先后顺序编号为"2"，其他默认选择为：开始为"单击时"，持续时间为"0.5秒"……。仿此方法设置其他各张幻灯片中的各对象的动画，注意按要求设置各动画出现的顺序。图5-1-22所示为第2张幻灯片中各对象出现的编号顺序。若要改变编

图 5-1-22 各对象出现的顺序编号

号顺序可在"计时"组中的"对动画重新排序"栏中选择单击"向前移动"或单击"向后移动",可对选中的对象出现的先后次序重新排序。

(4) 设置超链接。

步骤1:选中第2张幻灯片中的"基本资料"文字。在"插入"选项卡的"链接"组中单击"超链接"按钮,打开"插入超链接"对话框。

步骤2:在左边的"连接到:"选项组中选择"本文档中的位置"选项,在中间的"请选择文档中的位置:"框中选择标题为"基本资料"的幻灯片,即编号为3的幻灯片,这时在右边的"幻灯片预览:"框中可预览要超链接到的幻灯片,如图5-1-23所示。

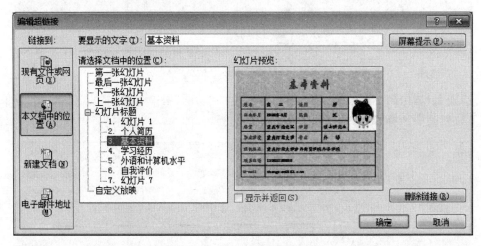

图 5-1-23 "插入超链接"对话框

步骤3:单击"确定"按钮。此时,"基本资料"文字变成带下画线的文本。放映幻灯片体验超链接效果。

步骤4:在第3张幻灯片的右侧底部插入适当大小的"圆角矩形"形状,在其上添加"返回"文字。选中形状,在"插入"选项卡的"链接"组中单击"超链接"按钮,打开"插入超链接"对话框,在中间的"请选择文档中的位置:"框中选择编号为"2"的幻灯片,如图5-1-24所示,然后单击"确定"按钮。放映幻灯片体验效果。

步骤5:仿此方法为"学习经历""外语和计算机水平""自我评价"文字设置超链接跳至相应标题的幻灯片,并在相应幻灯片中复制"返回"按钮,单击此按钮可返回编号为"2"的幻灯片。放映幻灯片体验效果。

分析说明:经过复制的"返回"按钮,不需再做超链接就可实现返回编号为"2"的幻灯片,即不仅复制了按钮本身也复制了其功能。

步骤6:选中第2张幻灯片,在"插入"选项卡的"插图"组中单击"形状"按钮,在弹出的下拉列表中选择"动作按钮"组的"前进或下一项"选项,如图5-1-25所示,此时鼠标光标变成一个"+"号,然后在幻灯片的右侧底部拖移鼠标画出适当大小的图形,同时弹出"动作设置"对话框,在"单击鼠标时的动作"选项组中选择"超链接到:"单选按钮,在其下拉列表中选择"最后一张幻灯片"选项,如图5-1-26所示,然后单击"确定"按钮。

图 5-1-24　返回编号为 2 的幻灯片

图 5-1-25　选择动作按钮

图 5-1-26　"动作设置"对话框

步骤 7：选择最后一张幻灯片，仿照步骤 6 的方法在右侧底部画一个适当大小的动作按钮，单击此按钮可返回第 2 张幻灯片。

步骤 8：选中最后一张幻灯片的"单击此处给我发邮件"文字，在"插入"选项卡的"链接"组中单击"超链接"按钮，打开"插入超链接"对话框。在左边的"连接到："选项组中选择"电子邮件地址"选项，在中间的"电子邮件地址："文本框中输入"zhangsan@163.com"，在"主题"文本框中输入"通知"，然后单击"确定"按钮，如图 5-1-27 所示。放映幻灯片体验效果。

（5）设置观众自行浏览、循环放映方式。

步骤 1：选中演示文稿中任意一张幻灯片，在"幻灯片放映"选项卡的"设置"组中单击"设置幻灯片放映"按钮。

步骤 2：在打开的"设置放映方式"对话框中的"放映类型"选项组中选择"观众自行浏

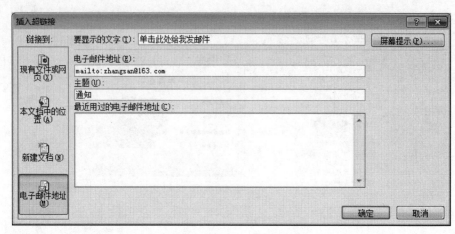

图 5-1-27　设置电子邮件地址

览(窗口)"单选按钮；在"放映选项"组中勾选"循环放映，按 Esc 键终止"复选框，然后单击"确定"按钮，如图 5-1-28 所示。

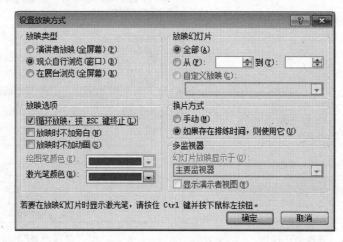

图 5-1-28　设置放映方式

(6) 保存文档。

全部操作完成后以"张三的个人简历—动态演示文稿.pptx"为文件名保存于自己的文件夹中。

实验 5.2　演示文稿的综合设计

【实验目的】

(1) 能熟练地进行文本的输入与编辑，掌握幻灯片背景的设置方法。

(2) 学会选择恰当的幻灯片版式，学会应用主题和模板。

(3) 掌握插入剪贴画、图片、自选图形、音乐等常见多媒体信息的方法。

（4）掌握设置幻灯片切换效果、自定义动画和应用超链接的方法。

（5）能结合实际设计制作各种专业性的演示文稿。

实验项目5.2.1 设计制作"天河二号"演示文稿

任务描述

问题的提出："天河二号超级计算机"是我国独立自主研制的超级计算机系统，至2015年年底连续六次登"全球超算500强"榜首，2018年仍位列第四，"战绩"十分辉煌。作为北京市第××中学初二班级物理老师：李晓玲老师决定制作一个关于"天河二号"的演示幻灯片，用于学生课堂知识拓展。请根据"上篇—实验指导\实验指导素材库\实验5\实验5.2\天河二号"文件夹下的素材"天河二号素材.docx"及相关图片文件，帮助李老师按如下具体要求完成设计制作任务，设计样例可进入"天河二号"文件夹中打开"天河二号超级计算机（样张）.pptx"文档查看，最后以"天河二号超级计算机.pptx"为文件名保存于自己的文件夹中。

（1）演示文稿共包含10张幻灯片，标题幻灯片1张，概况两张，特点、技术参数、自主创新和应用领域各1张，图片欣赏3张（其中一张为图片欣赏标题页）。幻灯片必须选择一种设计主题，要求字体和色彩合理、美观大方。所有幻灯片中除了标题和副标题，其他文字的字体均设置为"微软雅黑"。

（2）第1张幻灯片为标题幻灯片，标题为"天河二号超级计算机"，副标题为"——中国超算里程碑"。

（3）第2张幻灯片采用"两栏内容"的版式，左边一栏为文字，右边一栏为图片，图片为"天河二号"文件夹下的"Imagel.jpg"。

（4）第3～第7张幻灯片的版式均为"标题和内容"。素材中的黄底文字即为相应页幻灯片的标题文字。

（5）第4张幻灯片标题为"二、特点"，将其中的内容设为"垂直块列表"SmartArt对象，素材中红色文字为一级内容，蓝色文字为二级内容，并为该SmartArt图形设置动画，要求组合图形"逐个"播放，并将动画的开始设置为"上一动画之后"。

（6）利用相册功能为"天河二号"文件夹下的 Image2.jpg～Image9.jpg 8张图片"新建相册"，要求每页幻灯片为4张图片，相框的形状为"居中矩形阴影"；将标题"相册"更改为"六、图片欣赏"。将相册中的所有幻灯片复制到"天河二号超级计算机.pptx"中。

（7）将该演示文稿分为4节，第1节节名为"标题"，包含1张标题幻灯片；第2节节名为"概况"，包含两张幻灯片；第3节节名为"特点、参数等"，包含4张幻灯片；第4节节名为"图片欣赏"，包含3张幻灯片。每一节的幻灯片均为同一种切换方式，节与节的幻灯片切换方式不同。

（8）除标题幻灯片外，其他幻灯片的页脚显示幻灯片编号。

（9）设置幻灯片为循环放映方式，如果不单击鼠标，幻灯片10s后自动切换至下一张。

操作提示

(1) 操作步骤如下。

步骤 1：启动 Microsoft PowerPoint 2010 软件，打开"天河二号"文件夹下的"天河二号素材.docx"文件。

步骤 2：选择第 1 张幻灯片，切换至"设计"选项卡的"主题"组中，应用"都市"主题，按 Ctrl+M 组合键添加幻灯片，使片数共为 10 张，将演示文稿保存为"天河二号超级计算机.pptx"。

(2) 操作步骤如下。

步骤 1：选择第 1 张幻灯片，切换至"开始"选项卡的"幻灯片"组中，将"版式"设置为"标题幻灯片"。

步骤 2：将幻灯片标题设置为"天河二号超级计算机"，副标题为"——中国超算里程碑"。

(3) 操作步骤如下。

步骤 1：选择第 2 张幻灯片，切换至"开始"选项卡的"幻灯片"组中，将"版式"设置为"两栏内容"。

步骤 2：复制"天河二号素材.docx"文件内容到幻灯片，左边一栏为文字，字体设置为"微软雅黑"，字号为"20"，字体颜色为"黑色"。

步骤 3：右边一栏为图片，在"插入"选项卡的"图像"组中单击"图片"按钮，在弹出的"插入图片"对话框中选择"天河二号"文件夹下的 Image1.jpg 素材图片。

(4) 操作步骤如下。

步骤 1：切换至"开始"选项卡，将第 3～第 7 张幻灯片的版式均设为"标题和内容"。

步骤 2：根据天河二号素材中的黄底文字，输入相应页幻灯片的标题文字和正文文字，并分别对第 3～第 7 张幻灯片添加的内容进行相应的格式设置，使其美观。

(5) 操作步骤如下。

步骤 1：将光标置于第 4 张幻灯片正文文本框中，切换至"插入"选项卡的"插图"组中，单击 SmartArt 按钮，弹出"选择 SmartArt 图形"对话框，选择"列表"下的"垂直框列表"，如图 5-2-1 所示。

步骤 2：选择第 3 个文本框，在"SmartArt 工具—设计"选项卡的"创建图形"组中单击"添加形状"→"在后面添加形状"选项，在后面添加两个形状，并在相应的文本框中输入文字，设置相应的格式。

步骤 3：选择插入的 SmartArt 图形，切换到"动画"选项卡的"动画"组中，单击"飞入"选项，在"效果选项"→"序列"中选择"逐个"，在"计时"组中将"开始"设为"上一动画之后"。

(6) 操作步骤如下。

步骤 1：切换至"插入"选项卡的"图像"组中，单击"相册"下拉按钮，在其下拉列表中选择"新建相册"选项，弹出"相册"对话框，单击"文件/磁盘"按钮，选择 Image2.jpg～Image9.jpg 素材文件，单击"插入"按钮，返回"相册"对话框，将"图片版式"设为"4 张图片"，将"相框形状"设为"居中矩形阴影"，单击"创建"按钮，如图 5-2-2 所示。

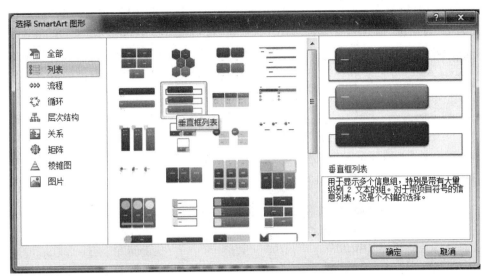

图 5-2-1　插入 SmartArt 图形

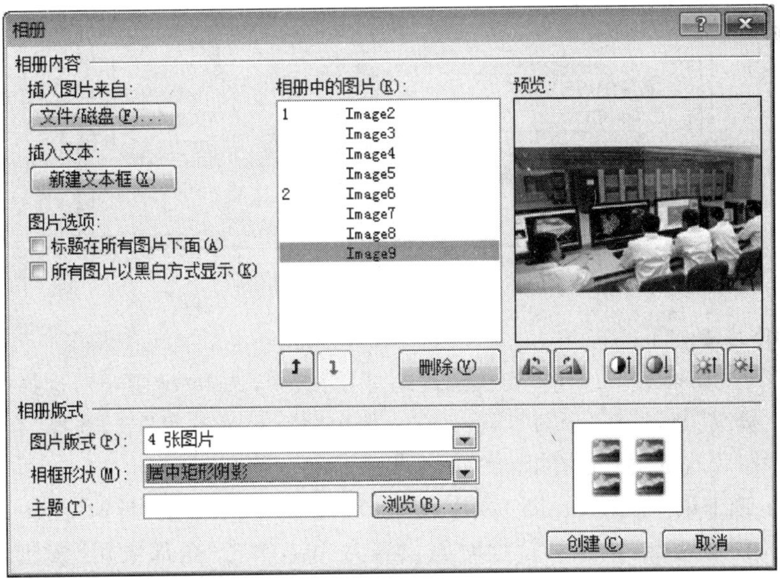

图 5-2-2　创建"相册"

步骤 2：将标题"相册"更改为"六、图片欣赏"，将二级文本框删除。将相册中的所有幻灯片复制到"天河二号超级计算机.pptx"中第 8～第 10 张幻灯片中。

（7）操作步骤如下。

步骤 1：在幻灯片窗格中，选择第 1 张幻灯片，单击鼠标右键，在弹出的快捷菜单中选择"新增节"命令，选择第 2、第 3 张幻灯片，单击鼠标右键，在弹出的快捷菜单中选择"新增节"命令，使用同样的方法，将第 4～第 7 张幻灯片分为一节，第 8～第 10 张幻灯片分为一节。

步骤 2：选择节名，单击鼠标右键，在弹出的快捷菜单中选择"重命名节"选项，弹出"重命名节"对话框，输入相应节名，单击"重命名"按钮，如图 5-2-3 所示。

图 5-2-3　"重命名节"对话框

步骤 3：为每一节的幻灯片均设置为同一种切换方式，节与节的幻灯片切换方式不同，可以适当进行设置。

（8）操作步骤如下。

步骤 1：切换到"插入"选项卡的"文本"组中，单击"页眉和页脚"按钮，弹出"页眉和页脚"对话框。

步骤 2：在"页眉和页脚"对话框中，切换至"幻灯片"选项卡，勾选"幻灯片编号"和"标题幻灯片中不显示"复选框，单击"全部应用"按钮，如图 5-2-4 所示。

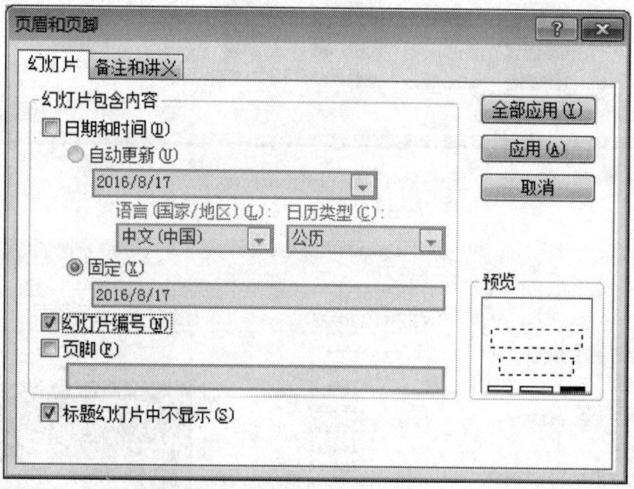

图 5-2-4　"页眉和页脚"对话框

（9）操作步骤如下。

步骤 1：在"切换"选项卡的"切换到此幻灯片"组中，选中"标题"节，选择"推进"切换效果；选中"概况"节，选择"分割"切换效果；选中"特点、参数等"节，选择"百叶窗"切换效果；选中"图片欣赏"节，选择"形状"切换效果。

步骤 2：选中第 1～第 10 张幻灯片，切换至"切换"选项卡的"计时"组中，勾选"设置自动换片时间"复选框，并将其持续时间设置为 10s，单击"全部应用"按钮，如图 5-2-5 所示。

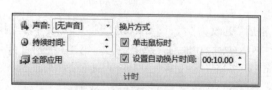

图 5-2-5　设置自动换片时间

步骤 3：在"幻灯片放映"选项卡的"设置"组中单击"设置幻灯片放映"按钮，打开"设置放映方式"对话框，在"放映选项"组中勾选"循环放映 按 Esc 键终止"复选框，其他默认选项，单击"确定"按钮，如图 5-2-6 所示。

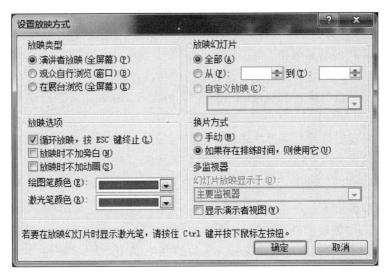

图 5-2-6　设置循环放映

步骤 4：将演示文稿以"天河二号超级计算机. pptx"为文件名保存于自己的文件夹中。

实验项目5.2.2　设计制作"创新产品展示"演示文稿

任务描述

公司计划在"创新产品展示及说明会"会议茶歇期间，在大屏幕投影上向来宾自动播放会议的日程和主题，因此需要市场部助理小王按如下要求完善"创新产品展示_素材. pptx"文件中的演示内容，最后以"创新产品展示. pptx"为文件名保存于自己的文件夹中。设计样例可打开"创新产品展示（样张）. pptx"文档查看，素材和样张文档均存放于"上篇—实验指导\实验指导素材库\实验 5\实验 5.2\创新产品展示"文件夹中。

（1）由于文字内容较多，将第 7 张幻灯片中的内容区域文字自动拆分为两张幻灯片进行展示。

（2）为了布局美观，将第 6 张幻灯片中的内容区域文字转换为"水平项目符号列表" SmartArt 布局，并设置该 SmartArt 样式为"中等效果"。

（3）在第 5 张幻灯片中插入一个标准折线图，并按照如下数据信息调整 PowerPoint 中的图表内容。

	笔记本计算机	平板计算机	智能手机
2010 年	7.6	1.4	1.0
2011 年	6.1	1.7	2.2
2012 年	5.3	2.1	2.6
2013 年	4.5	2.5	3
2014 年	2.9	3.2	3.9

（4）为该折线图设置"擦除"进入动画效果，效果选项为"自左侧"。按照"系列"逐次单击显示"笔记本计算机""平板计算机"和"智能手机"的使用趋势。最终，仅在该幻灯片中保留这3个系列的动画效果。

（5）为演示文档中的所有幻灯片设置不同的切换效果。

（6）为演示文档创建3个节，其中"议程"节包含第1张和第2张幻灯片，"结束"节中包含最后一张幻灯片，其余幻灯片包含在"内容"节中。

（7）为了实现幻灯片自动放映功能，设置每张幻灯片的自动放映时间不少于2s。

（8）删除演示文档中每张幻灯片的备注文字信息。

操作提示

（1）操作步骤如下。

步骤1：打开"创新产品展示"文件夹下的"创新产品展示_素材.pptx"文档。

步骤2：在幻灯片视图中选中编号为7的幻灯片，单击"大纲"按钮，切换至大纲视图中，如图5-2-7所示。

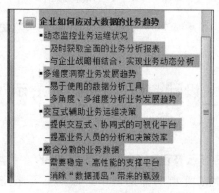

图5-2-7　拆分前的大纲幻灯片

步骤3：将光标定位在大纲视图中"—多角度、多维度分析业务发展趋势"文字的后面，按Enter键；切换至"开始"选项卡的"段落"组中，双击"降低列表级别"按钮，即可在大纲视图中出现新的幻灯片，如图5-2-8所示。

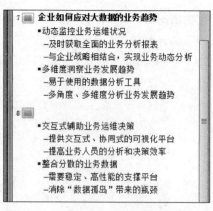

图5-2-8　拆分后的大纲幻灯片

步骤4：将第7张幻灯片中的标题复制到新拆分后的幻灯片的标题文本框中。

（2）操作步骤如下。

步骤1：切换至幻灯片视图中，选中编号为6的幻灯片，并选中该幻灯片中正文的文本框，在"开始"选项卡的"段落"组中单击"转换为SmartArt图形"下拉按钮。

步骤2：在弹出的下拉列表中选择"水平项目符号列表"，如图5-2-9所示；并在"SmartArt样式"组中选择"中等效果"选项，如图5-2-10所示。

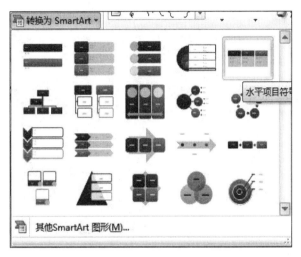

图5-2-9　转换为SmartArt图形

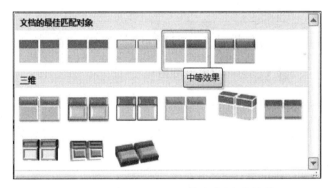

图5-2-10　设置SmartArt样式为"中等效果"

（3）操作步骤如下。

步骤1：在幻灯片视图中，选中编号为5的幻灯片，在该幻灯片中单击文本框中的"插入图表"按钮，在打开的"插入图表"对话框中选择"折线图"图标，如图5-2-11所示。

步骤2：单击"确定"按钮，将会在该幻灯片中插入一个折线图，并打开Excel应用程序，根据题意要求向表格中输入相应数据，如图5-2-12所示。然后关闭Excel应用程序。

（4）操作步骤如下。

步骤1：选中折线图，在"动画"选项卡的"动画"组中单击"其他"下拉按钮，在弹出的下拉列表中选择"擦除"效果，如图5-2-13所示。

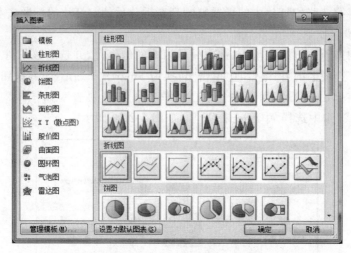

图 5-2-11　选择插入图表类型

图 5-2-12　向 Excel 表中输入的数据

图 5-2-13　设置为"擦除"动画效果

步骤2：在"动画"选项卡的"动画"组中单击"效果选项"下拉按钮，在弹出的下拉列表中将"方向"设置为"自左侧"，如图 5-2-14 所示，将"序列"设置为"按系列"，如图 5-2-15 所示。

图 5-2-14　方向为"自左侧"　　　　图 5-2-15　序列为"按系列"

（5）操作步骤如下。

步骤1：根据题意要求，分别选中不同的幻灯片。

步骤2：在"切换"选项卡的"切换到此幻灯片"组中设置不同的切换效果。第1～第9张幻灯片的切换类型分别为"推进""形状""分割""百叶窗""蜂巢""时钟""涡流""碎片""飞过"。

（6）操作步骤如下。

步骤1：在幻灯片视图中，选中第1、第2张幻灯片，在"开始"选项卡的"幻灯片"组中单击"节"下拉按钮，在弹出的下拉列表中选择"新增节"选项，如图 5-2-16 所示。然后再次单击"节"下拉按钮，在弹出的下拉列表中选择"重命名节"选项，如图 5-2-17 所示。在打开的对话框中"节名称"输入"议程"，如图 5-2-18 所示，单击"重命名"按钮，关闭对话框。

图 5-2-16　"节"下拉列表　　图 5-2-17　"重命名节"选项　　图 5-2-18　"重命名节"对话框

步骤 2：仿此方法将第 3～第 8 张幻灯片编为一节，"节名称"命名为"内容"；第 9 张幻灯片单独构成一节，"节名称"命名为"结束"。

（7）操作步骤如下。

步骤 1：在幻灯片视图中选中全部幻灯片。

步骤 2：在"切换"选项卡的"计时"组中取消"单击鼠标时"复选框的勾选，勾选"设置自动换片时间"复选框，并在文本框中输入"00：02.00"，单击"全部应用"按钮，如图 5-2-19 所示。

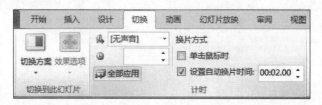

图 5-2-19　设置全部幻灯片的自动换片时间为 2s

（8）操作步骤如下。

步骤 1：在"文件"选项卡下的"信息"组中单击"检查问题"下拉按钮，在弹出的下拉列表中选择"检查文档"选项，弹出"文档检查器"对话框，勾选"演示文稿备注"复选框，单击"检查"按钮。

步骤 2：在"审阅检查结果"中，单击"演示文稿备注"对应的"全部删除"按钮，即可删除全部备注文字信息。

步骤 3：最后单击"文件"选项卡，在弹出的下拉列表中选择"另存为"选项，打开"另存为"对话框，在对话框中以"创新产品展示.pptx"为文件名保存于自己的文件夹中。

实验 6

Access 2010数据库技术基础

实验 6.1　在 Access 中创建数据库和表

【实验目的】

（1）熟悉 Access 2010 的启动、保存、打开和关闭。

（2）掌握建立数据库及数据表的基本操作。

（3）熟悉向表中录入数据。

实验项目 6.1.1　创建数据库

任务描述

在"上篇—实验指导\实验指导素材库\实验 6\实验 6.1"文件夹下建立文件名为"学生—课程.accdb"的数据库。

操作提示

步骤 1：单击"开始"→"所有程序"→ Microsoft Office→Microsoft Access 2010 级联菜单，打开 Microsoft Access 窗口，如图 6-1-1 所示。

步骤 2：单击"文件"→"新建"命令，出现"可用模板"窗格。在"可用模板"窗格中选择"空数据库"选项，在"文件名"文本框中输入数据库名"学生—课程"，然后单击"文件名"文本框后的打开文件夹按钮 📄，对保存位置进行设置（在这里选择"上篇—实验指导\实验指导素材库\实验 6\实验 6.1"文件夹），如图 6-1-2 所示。

步骤 3：最后在右侧窗格下面单击"创建"按钮，即可新建一个文件名为"学生—课程.accdb"的空数据库，如图 6-1-3 所示。

图 6-1-1　Microsoft Access 窗口

图 6-1-2　"可用模板"窗格

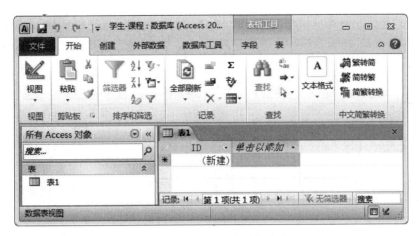

图 6-1-3 "学生—课程"数据库窗口

实验项目 6.1.2 创建数据表

任务描述

在"学生—课程"数据库中创建如图 6-1-4 所示的"学生"表。

学号	姓名	性别	出生日期	班级
20141020001	王聪	男	1996/8/8	会电1班
20141020002	刘丹	女	1995/10/6	会电1班
20141030002	朝阳	男	1996/10/17	国贸1班
20141030003	管虎	男	1995/12/8	国贸1班
20141040001	张娜	女	1996/5/25	营销1班
20141040002	宋佳	女	1996/3/28	营销1班

图 6-1-4 "学生"表

操作提示

分析：在 Access 数据库中创建表，一般有 3 种方法：使用数据表视图创建表、使用设计视图创建表、从其他数据源(如 Excel 工作簿、Word 文档等)导入或链接到表。在此我们使用常用的方法之一，使用设计视图创建表。

步骤 1：进入"上篇—实验指导\实验指导素材库\实验 6\实验 6.1"文件夹，打开以"学生—课程.accdb"为文件名的数据库。

步骤 2：在"创建"选项卡的"表格"组中，单击"表设计"按钮，如图 6-1-5 所示。

图 6-1-5 "创建"选项卡的"表格"组

步骤 3：在打开的表设计视图中，按照表 6-1-1 的内容，在"字段名称"列中输入字段名称，在"数据类型"列中选择相应的数据类型，在"常规"属性窗格中设置字段的大小，如图 6-1-6 所示。

表 6-1-1　"学生"表的表结构

字段名称	数据类型	字段大小
学号	文本	11 个字符
姓名	文本	4 个字符
性别	文本	1 个字符
出生日期	日期/时间	系统固定
班级	文本	8 个字符

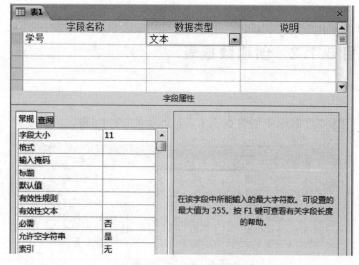

图 6-1-6　表的设计视图

步骤 4：选中学号这一行，单击鼠标右键，在弹出的快捷菜单中选择"主键"命令，或者在"表格工具—设计"选项卡的"工具"组中，单击"主键"按钮，如图 6-1-7 所示。

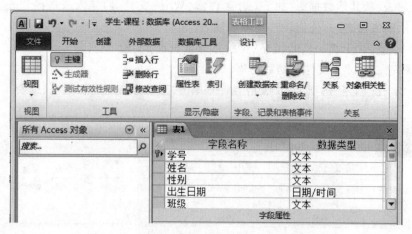

图 6-1-7　"表格工具—设计"选项卡的"工具"组

步骤5：在"快速访问工具栏"中，单击"保存"按钮。在打开的"另存为"对话框中输入表的名称"学生"，如图6-1-8所示，然后单击"确定"按钮。最后生成的学生表如图6-1-9所示。

图6-1-8　"另存为"对话框　　　　　　图6-1-9　"学生"表的设计视图

注意：当保存了数据表"学生"的表结构后，数据库窗口导航列表的"表"类别增加了一个新图标，它就是新建数据表"学生"，如图6-1-10所示。不过这个数据表是一个空数据表，只有表结构，无数据记录。

图6-1-10　表类别

步骤6：按照图6-1-4所示录入数据。

实验6.2　在Access数据库中创建查询

【实验目的】

（1）理解查询的基本概念。

（2）掌握在Access数据库中创建查询的基本方法。

实验项目6.2.1　创建查询

任务描述

在"学生—课程.accdb"数据库中创建名为"女生情况"的查询，结果要求显示学号、姓名和班级。查询结果如图6-2-1所示。

图6-2-1　查询结果

操作提示

分析：创建选择查询，Access 提供了两种方法：使用查询向导和在设计视图中创建查询。本实验在设计视图中创建查询。

步骤 1：进入"上篇—实验指导\实验指导素材库\实验 6\实验 6.1"文件夹，打开以"学生—课程.accdb"为文件名的数据库。

步骤 2：在"创建"选项卡的"查询"组中，如图 6-2-2 所示，单击"查询设计"按钮，打开"查询设计视图"窗口，如图 6-2-3 所示。

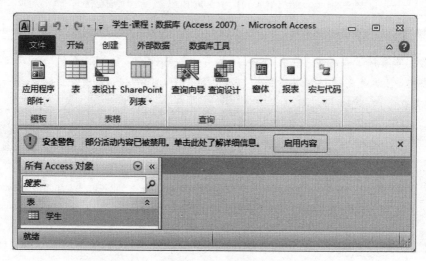

图 6-2-2　"查询"组

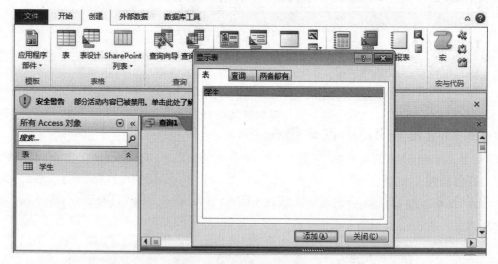

图 6-2-3　"查询设计视图"窗口

步骤 3：在弹出的"显示表"对话框的"表"选项卡中选中"学生"表作为新建查询的基本表，然后单击"添加"按钮，再单击"关闭"按钮。添加后学生表将被添加到查询窗口的对象窗格中，如图 6-2-4 所示。

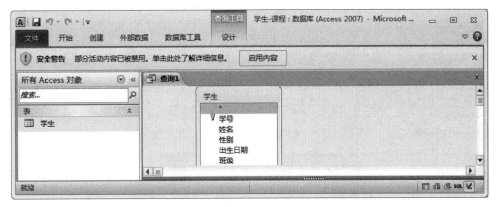

图 6-2-4　添加"学生"表的"查询设计视图"窗口

步骤 4：由于该查询需要用到 4 个字段，所以依次将"学生"表中的"学号""姓名""性别"和"班级"字段选中并拖到设计网格中，或者在"学生"表中分别双击这 4 个字段，这些字段将自动添加到设计网格的"字段"行中，如图 6-2-5 所示。

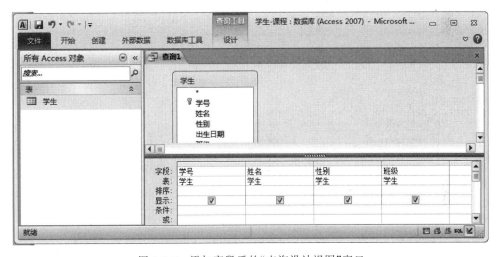

图 6-2-5　添加字段后的"查询设计视图"窗口

步骤 5：由于该查询只需要显示"学号""姓名""班级"三个字段，所以在"显示"行中取消"性别"字段的选中。由于该查询是所有的女生，所以在"性别"字段的"条件"行中输入"女"，如图 6-2-6 所示。

步骤 6：在"表格工具—设计"选项卡的"结果"组中，单击"运行"按钮，即可查看查询结果。

步骤 7：单击"保存"按钮，打开"另存为"对话框，如图 6-2-7 所示。输入查询名称（默认名称为"查询 1"，在这里输入"女生情况"），然后单击"确定"按钮对创建的查询进行保存。

注意：当保存了"女生情况"查询后，数据库窗口导航列表的"查询"类别中增加了一个新图标，它就是新建的"女生情况"查询，如图 6-2-8 所示。

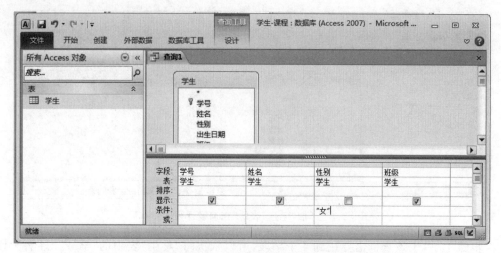

图 6-2-6　添加条件后的"查询设计视图"窗口

图 6-2-7　"另存为"对话框

图 6-2-8　查询类别

实验项目6.2.2　创建查询结果的排序

任务描述

在"女生情况"查询的基础上,将查询结果按学号降序排序,并将修改后的查询以名为"排好序的女生情况"进行保存。

步骤1:在数据库窗口导航列表的"查询"类别中,右击"女生情况"查询,在弹出的快捷菜单中选择"设计视图"命令,打开该查询的"设计视图",如图 6-2-9 所示。

步骤2:由于该查询按学号降序(从大到小)排序,所以在"学号"字段的"排序"行中选择"降序"选项,如图 6-2-10 所示。

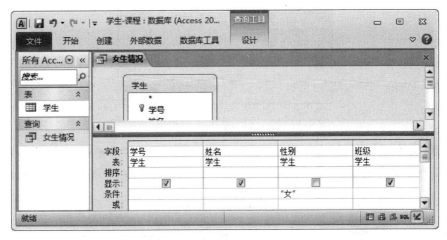

图 6-2-9　"女生情况"查询的设计视图

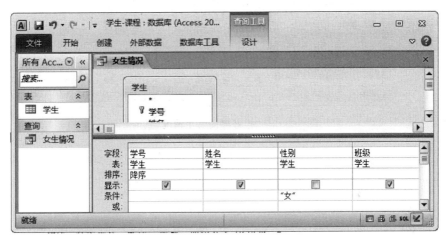

图 6-2-10　确定排序字段后的查询设计视图

步骤 3：在"查询工具—设计"选项卡的"结果"组中，如图 6-2-11 所示，单击"运行"按钮，即可查看查询结果。

图 6-2-11　"查询工具—设计"选项卡的"结果"组

步骤 4：单击"文件"选项卡下的"对象另存为"命令，打开"另存为"对话框，在"将'女生情况'另存为"文本框中输入"排好序的女生情况"，在"保存类型"下拉列表框中选择"查询"选项，然后单击"确定"按钮，对修改的查询进行保存，如图 6-2-12 所示。

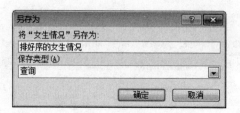

图 6-2-12　"另存为"对话框

注意：当保存了"排好序的女生情况"查询后，数据库窗口导航列表的"查询"类别中又增加了一个新图标，它就是新建的"排好序的女生情况"查询，如图 6-2-13 所示。

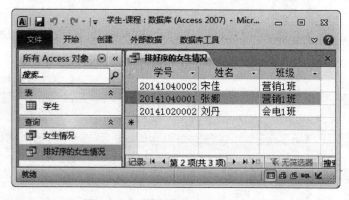

图 6-2-13　"排好序的女生情况"查询

实验 7

计算机网络基础及应用

实验 7.1　IE 浏览器的使用

【实验目的】

（1）了解计算机网络的基础知识。

（2）学会使用 IE 浏览器访问网站。

（3）掌握 IE 浏览器常用命令的使用。

（4）掌握网上查找信息、浏览信息的基本操作。

（5）熟练掌握信息的下载和保存方法。

实验项目7.1.1　使用 IE 浏览器访问"一带一路网"

任务描述

"一带一路"是当前国际范围内较为热议的话题，为让同学们进一步对其深入了解，做一个主题为"一带一路"的图文说明文档，请通过 IE 浏览器访问"一带一路网"，并查找和浏览相关的信息。首先，启用 IE 浏览器，在地址栏中输入常用的搜索引擎的网址；其次，在搜索框中输入"一带一路网"，单击进入该网站，并将其收藏到收藏夹中，以便下次直接访问；最后，在该网站上下载相关文字和图片，制作简单的图文说明文档，同时将该网站的首页保存为网页；最终将图文说明的文档和已保存的网站首页一并保存于"实验指导素材库\实验 7\实验 7.1"文件夹中，具体设计样例可参看实验 7.1 文件夹下相应文件。

操作提示

（1）启用 IE 浏览器，定位搜索引擎。

步骤 1：双击桌面 IE 浏览器快捷方式图标，启用 IE 浏览器。

步骤 2：在浏览器窗口的地址栏文本框中输入网址"www.baidu.com"，单击"转到"按钮或按 Enter 键进入，如图 7-1-1 所示。

（2）搜索"一带一路网"，并将其添加到收藏夹中。

图 7-1-1　地址栏输入网址

步骤 1：在搜索框中输入"一带一路网"，单击"搜索"按钮或按 Enter 键进入网站。

步骤 2：打开网页后，选择"收藏夹"→"添加到收藏夹"命令，在"名称"文本框中输入"中国一带一路网"，单击"添加"按钮，如图 7-1-2 所示。

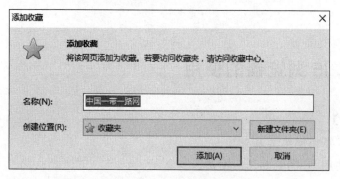

图 7-1-2　将"中国一带一路网"添加到收藏夹

步骤 3：网页被收藏后，选择"收藏夹"菜单项，可查看已经收藏的网页名称，如图 7-1-3 所示。

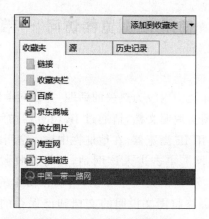

图 7-1-3　查看已收藏网站

（3）访问"一带一路网"，搜索和下载图片并保存网站首页。

步骤 1：打开网站首页，选择"文件"→"另存为"命令，在弹出的"保存网页"对话框中更改存储路径为"实验指导素材库\实验 7\实验 7.1"文件夹，生成"中国一带一路.html"网页文件和"中国一带一路网_files"文件夹，如图 7-1-4 和图 7-1-5 所示。

步骤 2：在网页中选择一张图片右击，在弹出的快捷菜单中选择"图片另存为"，如图 7-1-6 所示。

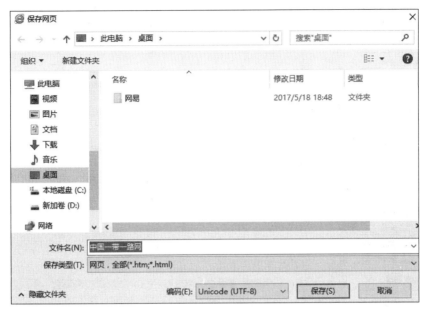

图 7-1-4　保存网页

图 7-1-5　生成文件

图 7-1-6　保存网页中的图片

步骤3：在弹出的"保存图片"对话框中选择图片的保存路径，填写图片的保存名称，如图7-1-7所示。

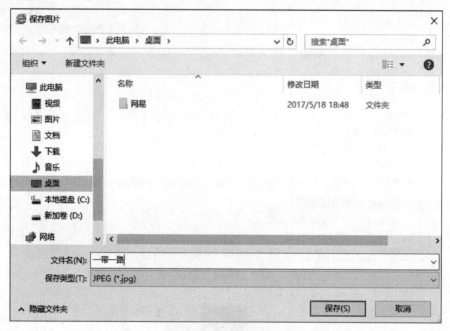

图7-1-7　保存网页中的图片

实验项目7.1.2　在浏览器上下载播放器

任务描述

同学们在学习和生活中经常会遇到这样的情况，一些视频、动画等资源需要下载到计算机上观看，这就势必要求在计算机上下载安装播放器才可观看。首先，启用IE浏览器，在地址栏中输入常用的搜索引擎的网址；其次，在搜索框中输入"暴风影音播放器"，单击进入搜索结果；最后，进入下载界面开始下载。

操作提示

（1）启用IE浏览器，定位搜索引擎。

步骤1：双击桌面IE浏览器快捷方式图标，启用IE浏览器。

步骤2：在浏览器窗口的地址栏文本框中输入网址"www.baidu.com"，如图7-1-8所示。

图7-1-8　在地址栏输入网址

（2）在搜索框中输入"暴风影音播放器"，单击"百度一下"，搜索结果列表如图 7-1-9 所示。

图 7-1-9　输入搜索内容

（3）进入下载界面，开始下载。

步骤 1：选择官网，单击进入下载界面，如图 7-1-10 所示。

图 7-1-10　下载界面

步骤 2：单击"高速下载"或"普通下载"后，在页面的最下端会相应弹出对话框，即设置应用程序保存的路径，如图 7-1-11 和图 7-1-12 所示。

图 7-1-11　文件保存对话框

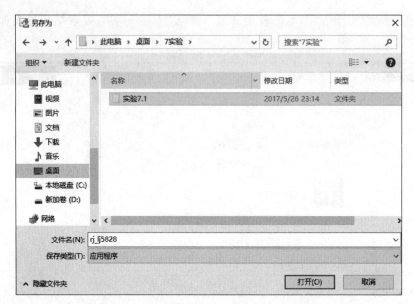

图 7-1-12　选择文件保存路径

步骤 3：单击"保存"按钮右侧的下三角按钮，在弹出的对话框中选择"另存为"选项，将文件保存于"实验指导素材库\实验 7\实验 7.1"文件夹中，单击"确认"按钮，系统会弹出对话框提示下载完成，如图 7-1-13 所示。

图 7-1-13　下载完成提示信息界面

实验项目7.1.3　安装播放器

任务描述

将暴风影音播放器安装到自己计算机中指定的位置。

操作提示

（1）打开文件夹，找到安装程序。

步骤 1：打开"实验指导素材库\实验 7\实验 7.1"文件夹，找到应用程序文件。

步骤 2：双击应用程序，弹出如图 7-1-14 所示的对话框。

（2）选择安装路径。

单击"自定义选项"，选择安装路径；对"影视库快捷方式"和"暴风简助手"等选项有选择性地勾选，如图 7-1-15 所示。

（3）开始安装。

步骤 1：安装路径设置完成后，单击"开始安装"按钮，软件便开始安装。

步骤 2：安装完成后，系统会弹出对话框提示安装完毕，"暴风影音"播放器就已经成功地安装到自己的计算机中，如图 7-1-16 所示。

图 7-1-14　安装提示对话框

图 7-1-15　更多选择

图 7-1-16　安装完毕

实验 7.2　电子邮件收发与管理

【实验目的】

（1）了解免费电子邮箱的申请方法。

（2）掌握收发邮件的基本操作。

（3）掌握管理电子邮件的方法。

实验项目 7.2.1　申请网易 163 免费邮箱

任务描述

随着信息的数字化,电子邮件已走进我们的生活和学习,手写信几乎被完全取代,因此掌握在线申请电子邮箱的方法就显得尤为重要。免费邮箱的申请步骤和过程非常简单,下面以网易 163 免费邮箱的申请为例说明申请方法。

操作提示

（1）进入注册界面。

步骤 1：启用 IE 浏览器,在搜索框中输入词条"163 网易邮箱"。

步骤 2：在搜索列表中,选择登录界面进入,如图 7-2-1 所示。

图 7-2-1　网易登录界面

（2）信息填写。

步骤 1：单击"注册"按钮,进入到"网易免费邮箱"注册界面,如图 7-2-2 所示。

步骤 2：按要求填写注册信息。

（3）提交申请。

信息填写完整后,单击"立即注册"按钮,提交申请。

（4）注册成功。

注册成功后,再次登录时,凭借邮箱地址和密码,可登录个人邮箱,如图 7-2-3 所示。

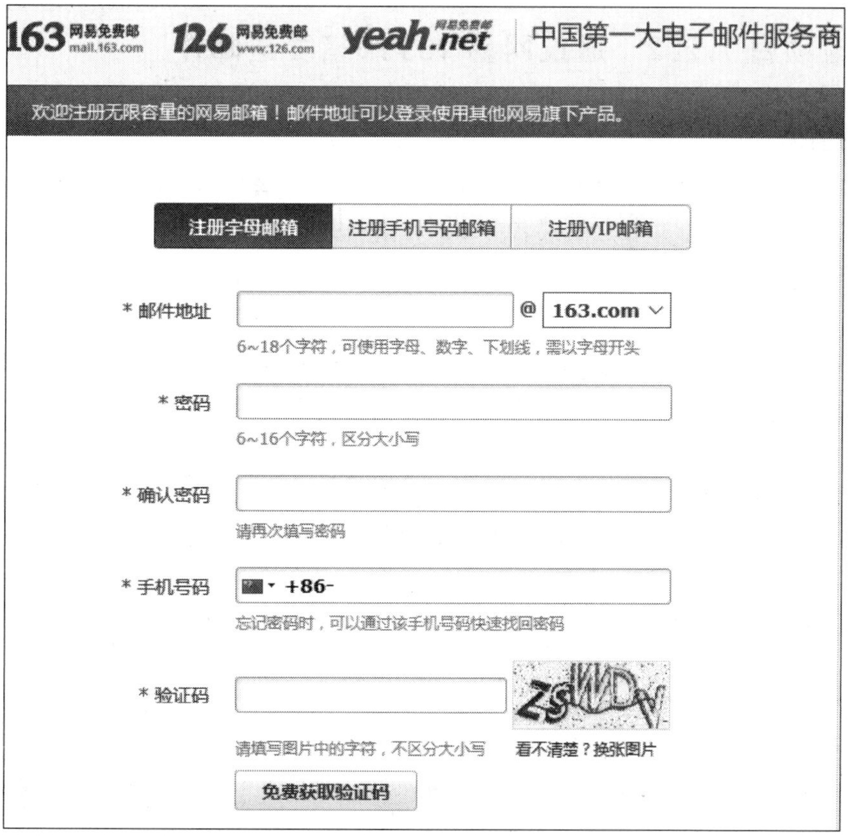

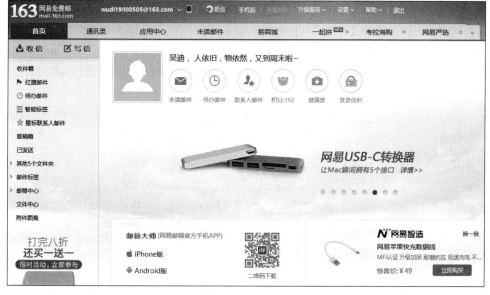

图 7-2-2　"网易免费邮箱"注册界面

图 7-2-3　注册成功后登录邮箱

实验项目 7.2.2 通过网易 163 邮箱发送邮件

任务描述

为了帮助学生充分利用暑期时间,学校决定开设一些暑期的会计课程,现需要将课程培训的安排以邮件的形式发送给报名参加课程培训的同学。

操作提示

(1) 登录邮箱。

步骤 1：启用 IE 浏览器,搜索"网易邮箱",进入邮箱登录界面。

步骤 2：输入用户名和密码,单击"登录"按钮进入个人邮箱。

(2) 书写邮件内容。

步骤 1：单击"添加附件",将"实验 7.2"文件夹中的"会计培训课程表"以附件的形式添加到邮件中,如图 7-2-4 所示;附件上传成功后,如图 7-2-5 所示。

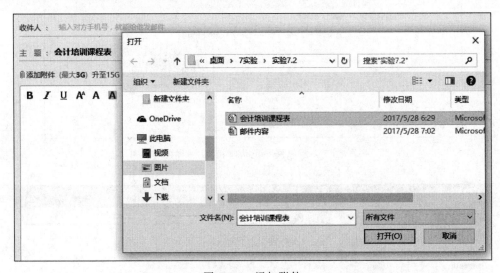

图 7-2-4 添加附件

图 7-2-5 完成附件添加

步骤 2：继续填写邮件内容,将"实验 7.2"文件夹中"邮件内容.doc"中的内容输入邮件内容中,至此,邮件内容添加完成。

(3) 添加收件人和主题。

步骤 1：单击右侧快速添加联系人,将联系人的邮箱地址等信息提前导入通讯录中,新建联系组名为"会计培训同学",将参加暑假会计培训的同学加入其中,如图 7-2-6 所示。

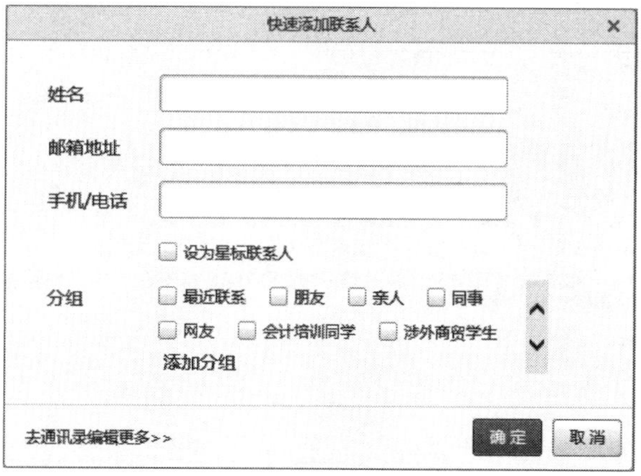

图 7-2-6 快速添加联系人

步骤 2：将鼠标指针放至"会计培训同学"组别上，随即显示"添加该组"按钮，单击该按钮，可以将该组联系人全部添加到收件人一栏，如果不需要全部导入，也可单个添加，如图 7-2-7 所示。

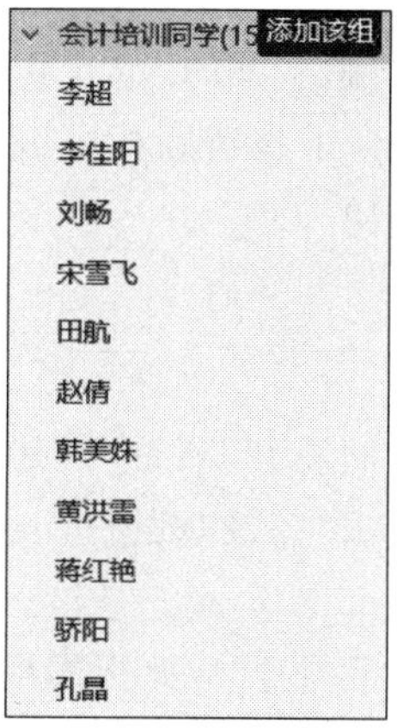

图 7-2-7 联系人分组

步骤 3：在主题一栏输入"暑期会计课程培训说明"，如图 7-2-8 所示。

图 7-2-8 主题和收件人添加

（4）发送邮件。

检查信息内容、收件人等信息无误的情况下，单击左下角或左上角的"发送"按钮，即可发送邮件,如图 7-2-9 所示。

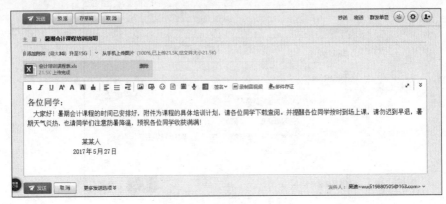

图 7-2-9   邮件编写完成

实验项目 7.2.3   通过 163 邮箱接收和管理邮件

任务描述

前段时间,你参加了《新青年》杂志主办的以"互联网+教育"为主题的征文活动,值得高兴的是,你的文章被录用了,你收到了该杂志社主编发来的修改文稿意见,你应如何查看并下载附件,又要如何管理邮件呢?

操作提示

(1) 登录邮箱。

步骤 1:启用 IE 浏览器,搜索"网易邮箱",进入邮箱登录界面。

步骤 2:输入用户名和密码,单击"登录"按钮进入自己的邮箱。

(2) 查收邮件。

步骤 1:在收件箱后面,可以看到数字 1,此标志提示存在一封未读邮件。打开"收件箱",收到一封主题为"改稿意见"的邮件,同时在该项的后面,可以看到曲别针形状的标识,提示有附件存在,如图 7-2-10 所示。

图 7-2-10   查看收件箱

步骤 2:打开邮件,查看并阅读邮件内容,如图 7-2-11 所示。

步骤 3:单击"查看附件"和"下载"图标,如图 7-2-12 所示。

(3) 管理邮件。

收件箱里堆积了大量的邮件,不便于查看和查找,所以定期对邮件进行清理和分类管理是很有必要的。

步骤 1:打开收件箱,选中无用的邮件,单击"删除"按钮将其删除,如图 7-2-13 所示。

图 7-2-11　查看邮件内容

图 7-2-12　下载附件

图 7-2-13　删除无用邮件

步骤2：建立分类，方便管理。有些邮件，可以通过添加"标记"的方式进行分类，提醒自己邮件的种类。选中邮件，添加标记，如图 7-2-14 所示。

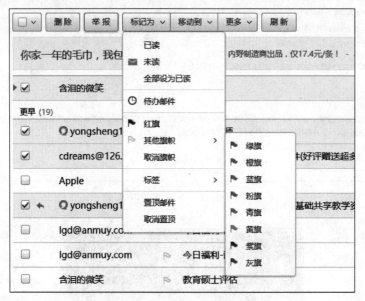

图 7-2-14　邮件分类管理

实验7.3　本地站点和网页的创建和制作

【实验目的】

(1) 了解网页制作的基本流程。

(2) 熟练掌握 Dreamweaver CS5 创建站点、文件及文件夹的方法。

(3) 熟练掌握 Dreamweaver CS5 创建网页的方法。

(4) 熟练掌握 Dreamweaver CS5 编辑网页文本、图像的方法。

(5) 熟练掌握 Dreamweaver CS5 在网页中创建链接的方法。

实验项目7.3.1　设计制作合川钓鱼城宣传网站

任务描述

为了加大对合川钓鱼城的宣传力度，根据实验 7.3 文件夹中的素材制作一个宣传网站。首先，在 Dreamweaver CS5 的编辑器中创建本地站点；然后，制作网站的首页，如图 7-3-1 样例所示，并将其保存为 index. html 的文件；接下来，对应首页中的标题文字，即"景区介绍""主要景点展示""游客须知"制作三张网页，分别保存为 building. html、display. html 和 instruction. html 文件，并与首页中的标题文字建立链接关系；最终，将制作完成的四张网页以及使用的图片素材均保存于"实验指导素材库\实验7\实验7.3"文件夹中,具体设计样例可参看实验7.3文件夹下相应的网页文件。

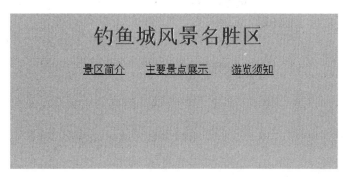

图 7-3-1 网站首页设计样例

操作提示

(1) 启用 Dreamweaver CS5 编辑器,创建本地站点以及首页标题。

步骤 1:启用 Dreamweaver CS5 编辑器,选择"站点"→"新建站点"选项,在打开的"设置对象—未命名站点"对话框中输入站点名"钓鱼城—天神折鞭之地"以及设置本地站点文件夹存放位置,如图 7-3-2 所示。

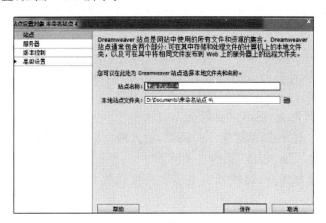

图 7-3-2 创建本地站点

步骤 2:本地站点创建完成后,选中站点右键单击,在弹出的快捷菜单中选择"新建网页",如图 7-3-3 所示,将该网页重命名为"index"。

步骤 3:输入文字"钓鱼城风景名胜区",并在属性面板中将其格式设置为"标题 1",如图 7-3-4 所示;单击"属性面板"→"css 编辑规则",创建名为"h1"的 ID 标签,如图 7-3-5 所示。

图 7-3-3 站点创建完成 　　　　　　图 7-3-4 修改格式属性

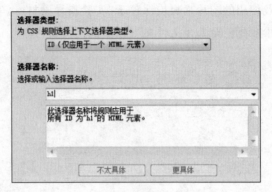

图 7-3-5　修改选择器名称

步骤 4：在 css 属性面板中，设置 h1 字体颜色为红色，样式加粗，对齐方式居中。

步骤 5：单击页面属性，将网页背景颜色设置为绿色，如图 7-3-6 所示。

图 7-3-6　设置标题样式

步骤 6：在首页标题下面输入"景区简介、主要景点展示、游览须知"至此网站首页制作完成。

（2）创建第二张网页，介绍景区。

步骤：依照创建首页的方法，新建第二张网页，输入网页标题"景区建设"，并将 7.3 文件夹中"钓鱼城简介.doc"中的内容输入其中。

（3）创建第三张网页，展示主要景点。

步骤 1：依照以上方法，新建第三张网页，输入网页标题"主要景点展示"，将素材中的图片加入网页中。

步骤 2：依次选择图片，将图片的宽度和高度设置为统一的数值，分别为宽 690px，高 455px。

（4）创建第四张网页，说明游览须知。

步骤：依照以上方法，新建第四张网页，将 7.3 文件夹中给定的素材"游览须知.dox"中的内容输入该网页中。

（5）将网页与首页中文字建立链接关系。

步骤 1：网站首页与三张子网页都已经创建完毕，接下来的操作将回到首页完成超链接设置。打开首页，选中文字"景点介绍"，对应在属性面板中找到"链接"文本框，如图 7-3-7 所示。

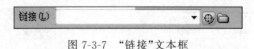

图 7-3-7　"链接"文本框

步骤 2：在"链接"文本框中输入链接的路径和文件名，或单击"链接"文本框后的 或 按钮，两个按钮的作用相同，皆为选择需要链接的文件，分别如图 7-3-8 和图 7-3-9 所示，此步操作方法并不唯一，但目的和效果是一样的。

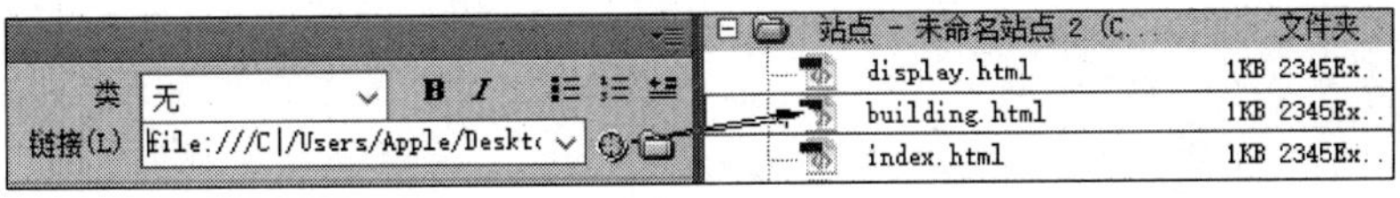

图 7-3-8　单击 按钮拖动选择文件

图 7-3-9　单击 按钮拖动选择文件

重复以上步骤，为其他两组文字与网页创建链接，即"主要景点展示"对应 display. html 文件，"游客须知"对应 instruction. html 文件。最终效果可参考"实验指导素材库\ 实验 7\实验 7.3"文件夹中的网页。

实验项目 7.3.2　设计制作个人网页名片

任务描述

根据实验 7.3 文件夹中的素材制作个人网页。首先，启用 Dreamweaver CS5，创建本地站点；然后，创建第一张网页，输入标题，创建表格，并为网页设置背景和背景音乐等；随后，创建第二张网页，依次插入图片素材，以展示校园风光，创建完成后，并将该张网页与第一张网页中的"校园风光"一词建立链接。最终将制作完成的两张网页以及使用的图片、音频等素材均保存于"实验指导素材库\实验7\实验7.3"文件中,具体设计样例可参看实验7.3文件夹下相应的网页文件,个人网页名片的模板如图7-3-10所示。

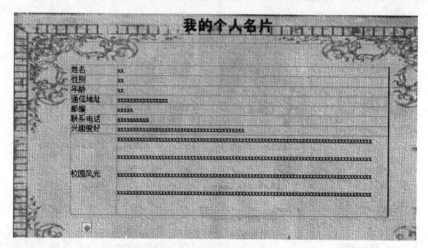

图7-3-10 个人网页名片

操作提示

(1) 启用 Dreamweaver CS5 编辑器,创建本地站点。

步骤1:启用 Dreamweaver CS5 编辑器,选择"站点"→"新建站点",输入站点名"我的个人名片"以及设置站点文件夹存放位置。

步骤2:本地站点创建完成后,选中站点右键单击,新建网页和文件夹。

(2) 创建第一张网页,设置标题和下画线。

步骤1:输入文字"我的个人名片",并通过属性面板中的格式属性,将其设置为"标题1"。

步骤2:切换 css 属性面板,新建 css 规则,将选择器名称设置为"h1"。

步骤3:对文字进行如下设置,颜色为蓝色(color 属性),样式为加粗(font-weight 属性),对齐方式为居中对齐(text-align 属性)。

步骤4:为标题添加下画线,选择"插入"→html→"下画线",选中下画线,在属性面板中设置其高为2px,如图7-3-11和图7-3-12所示。

(3) 继续对第一张网页编辑,为其设置背景图片、背景音乐并插入表格。

步骤1:在站点文件夹下新建一个存储图片的文件夹 image,将所用图片素材添加到该文件夹中,如图7-3-13所示。

步骤2:在菜单栏中选择"站点"→"管理站点",将会弹出"管理站点"对话框,选择"我的个人名片"双击,在弹出的"站点设置对象"对话框中继续选择"高级设置"→"本地信息",单击"默认图像文件夹"文本框右侧的 📁 图标,选择 image 文件夹为默认图片文件夹,如图7-3-14所示。

步骤3:创建新的 css 规则,选择器名称为 body,从 image 文件夹中选择一张图片设置为背景,其在 X 轴和 Y 轴位置分别设置为 center 和 top。

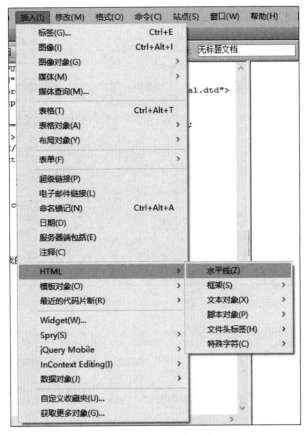

插入(I) 修改(M) 格式(O) 命令(C) 站点(S) 窗口(W) 帮助(H)
标签(G)... Ctrl+E
图像(I) Ctrl+Alt+I
图像对象(G)
媒体(M)
媒体查询(M)...
表格(T) Ctrl+Alt+T
表格对象(A)
布局对象(Y)
表单(F)
超级链接(P)
电子邮件链接(L)
命名锚记(N) Ctrl+Alt+A
日期(D)
服务器端包括(E)
注释(C)
HTML
模板对象(O)
最近的代码片断(R)
Widget(W)...
Spry(S)
jQuery Mobile
InContext Editing(I)
数据对象(J)
自定义收藏夹(U)...
获取更多对象(G)...
水平线(Z)
框架(S)
文本对象(X)
脚本对象(P)
文件头标签(H)
特殊字符(C)
无标题文档
图 7-3-11 插入水平线

<body> <hr>
属性
水平线
宽(W)
像素
高(H) 2
图 7-3-12 设置水平线高度

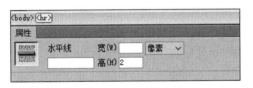

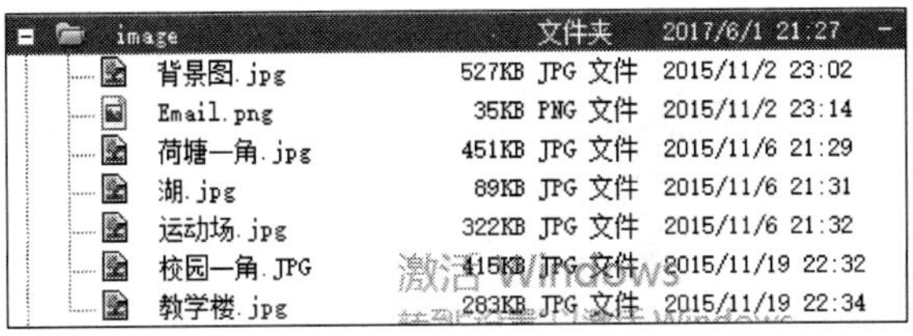

image 文件夹 2017/6/1 21:27
背景图.jpg 527KB JPG 文件 2015/11/2 23:02
Email.png 35KB PNG 文件 2015/11/2 23:14
荷塘一角.jpg 451KB JPG 文件 2015/11/6 21:29
湖.jpg 89KB JPG 文件 2015/11/6 21:31
运动场.jpg 322KB JPG 文件 2015/11/6 21:32
校园一角.JPG 415KB JPG 文件 2015/11/19 22:32
教学楼.jpg 283KB JPG 文件 2015/11/19 22:34
图 7-3-13 将图片素材添加到 image 文件夹中

步骤 4：在站点文件夹下新建一个存储音乐的文件夹 media，并将素材中的音乐导入其中，如图 7-3-15 所示。将“背景音乐.mp3”文件设置为背景音乐，然后选中插件，将其宽和高均设置为 0。

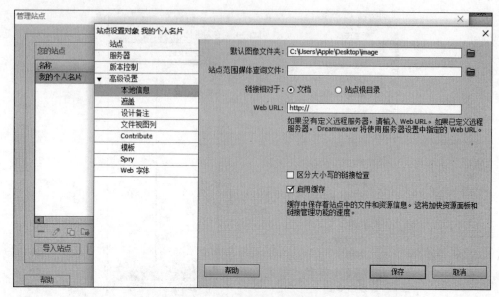

图 7-3-14　站点管理设置

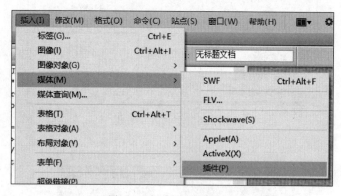

图 7-3-15　插入背景音乐

步骤 5：在插入菜单下，选择表格，插入一个 8 行、2 列的表格，如图 7-3-16 所示。并对表格做如下设置，宽度为 700 像素，边框粗细为 1 像素，单元格边距和间距均为 0，表格无标题。具体设置参数如图 7-3-17 所示。

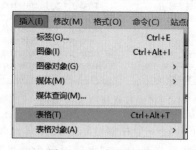

图 7-3-16　插入表格

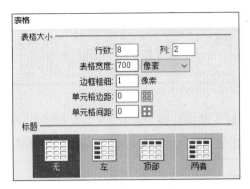

图 7-3-17 编辑表格

步骤 6：表格编辑完成后，继续添加一张邮件的图标放于表格之后。在属性面板中将图标的宽和高分别设置为 20 像素和 50 像素，并为邮箱指定一个链接地址，如图 7-3-18 所示。

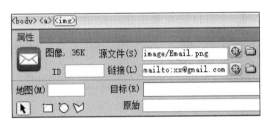

图 7-3-18 邮箱图标设置

（4）创建第二张网页。

步骤 1：参照第一张网页的方法，设置标题、背景和水平线。

步骤 2：新建 css 规则，选择器名称设置为 photo，设置内容如图 7-3-19 所示。

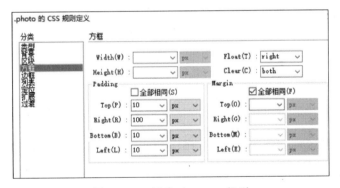

图 7-3-19 新建 photo css 规则

步骤 3：新建一个 1 行 1 列的表格，表格宽度为 700 像素，边框粗细为 1 像素，单元格边距和间距均为 0，表格无标题，且居中对齐。

步骤 4：在新建的表格中插入校园图片，图片大小设置约束尺寸，图片宽为 400 像素，再对图片应用上一步新建的 photo 样式，如图 7-3-20 所示。

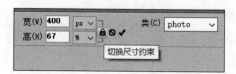

图 7-3-20　设置图片大小

（5）将"风光校园"与第二张网页建立链接。

步骤 1：选中需要创建链接的文字"风光校园"，对应找到属性面板的"链接"文本框，如图 7-3-21 所示。

图 7-3-21　"链接"文本框

步骤 2：在"链接"文本框中输入链接的路径和文件名，或单击"链接"文本框后的 或 按钮，两个按钮的作用相同，皆为选择需要链接的文件，分别如图 7-3-22 和图 7-3-23 所示，此步操作方法并不唯一，但目的和效果是一样的。

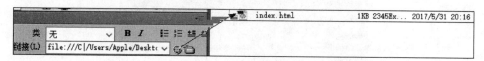

图 7-3-22　单击 按钮，拖动选择文件

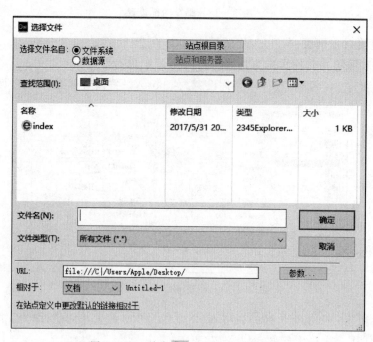

图 7-3-23　单击 按钮拖动选择文件

最终效果可查看"实验指导素材库\实验 7\实验 7.3"文件夹中的网页。